MATEMÁTICA PARA LA FAMILIA

MATEMÁTICA PARA LA FAMILIA

Jean Kerr Stenmark
Virginia Thompson
y
Ruth Cossey

Ilustrado por Marilyn Hill
Traducido por Jorge M. López

El Lawrence Hall of Science es un centro de ciencias, de adiestramiento para maestros en servicio y de investigación de la educación científica, localizado en la Universidad de California en Berkeley. Por muchos años se ha ocupado de desarrollar currículos y estrategias de enseñanza que mejoran la educación matemática y científica en todos los niveles educativos y que aumentan el interés y el entendimiento del público en el área de las ciencias y las matemáticas.

Créditos:
   Diseño e Ilustraciones: Marilyn Hill
   Asistente de Diseño: Connie Torii
   Consultor: Carol Langbort
   Tipografía: Computadora Macintosh y Impresora Laser
   Casa Impresora: U.C. Printing Department
   Tarjetas de las Ocupaciones: Wendy Warren

Para información sobre cómo obtener copias adicionales, comunicarse con:

   FAMILY MATH
   Lawrence Hall of Science
   University of California
   Berkeley, CA 94720
   Attn: Matemática para la Família

El material se produjo con el apoyo del U.S. Department of Education (Fund for the Improvement of Postsecondary Education) y la Carnegie Foundation de New York. Sin embargo, toda opinión, descubrimiento, conclusión o recomendación aquí expresada pertenece a los autores y no reflejan necesariamente los puntos de vista del U. S. Department of Education o la Carnegie Foundation.

ISBN   0-912511-08-7

Tabla de Contenido

Reconocimientos

Los autores de este libro se placen en reconocer la ayuda y el apoyo que han recibido de varias fuentes.

El programa Fund for the Improvement of Postsecondary Education del Departamento de Educación de los Estados Unidos de Norteamerica proporcionó fondos en una concesión de tres años que nos permitió desarrollar, probar y diseminar el programa de Matemática para la Familia. Sin esta ayuda el programa no se hubiese podido desarrollar.

Estamos agradecidos a la Carnegie Corporation of New York por haber otorgado fondos para la publicación y diseminación de este libro, el cual esperamos que estimule a todos, tanto en este país como en otros, a integrarse al programa de Matemática para la Familia.

El curso de Matemática para la Familia introduce a los padres y los niños a un gran número de buenas ideas, las cuales sirven de ayuda para mejorar sus destrezas matemáticas y ganar una mejor apreciación de las matemáticas. Los instructores de las clases iniciales de Matemática para la Familia, fueron buenos planificadores, utilizando los materiales disponibles a ellos, modificando el material cuando era necesario y creando nuevas actividades. Muchos educadores de matemática fueron especialmente generosos al permitirnos utilizar sus actividades en nuestro curso.

Cierto número de las actividades que se incluyen en el libro son nuestras propias variantes de actividades que utilizan nuestros colegas o representan modificaciones de ideas que han aparecido en varios escritos sobre educación matemática.

Hemos tenido la buena fortuna de haber recibido inspiración, sugerencias, ideas y actividades de varias personas, incluyendo a Marilyn Burns, Regina Comaich, Ernestine Camp, Jill DeJean, Wallace Judd, Carol Langbort, Bill Ruano, Hal Saunders, Dale Seymour, Kathryn Standifer, Paula Symonds, Tamas Varga, Marion Walter, y Robert Wirtz, este último ya fallecido.

Las publicaciones y proyectos que se indican a continuación han sido ricas fuentes de ideas para nuestro programa y constituyen una fuente de gran valor para aquellos quienes interesan más actividades. The Arithmetic Teacher, Games Magazine, The Lane County Mathematics Project, The Oregon Mathematics Teacher, The Mathematical Reasoning Improvement Study, The Miller Math Project y Seedbed. Referimos al lector a la página 311 para otras publicaciones adicionales y las direcciones de las casas publicadoras correspondientes.

Apreciamos profundamente las ideas continuas, el apoyo y los consejos de colegas, presentes y pasados, del proyecto EQUALS y del Lawrence Hall of Science de la Universidad de California, Berkeley: Lynne Alper, Susan Arnold, Diane Downie, Tim Erickson, Doug FitzGerald, Sherry Fraser, Paul Giganti, Kay Gilliland, Ellen Humm, Helen Joseph, Alice Kaseberg, Nancy Kreinberg, Helen Raymond, Diane Resek, Twila Slesnick, y Elizabeth Stage.

Queremos dar gracias especialmente al Dr. Jorge M. López por su traducción elegante, y a Jorge López Gardana, Amelia Garriga, Mollie López, Sally Melton, Luz María Ortega, y Martha Williams por su asistencia con esto versión en español de Matemática para la Família.

Sobre todo, deseamos expresar nuestro agradecimiento a todos los maestros, padres y niños que han formado parte del exitante desarrollo del programa de Matemática para la Familia.

Jean Kerr Stenmark
Virginia Thompson
Ruth Cossey

Berkeley, California
1987

Introducción

Matemática para la Familia: ¿Qué es?

Durante muchos años, el programa EQUALS del Lawrence Hall of Science de la Universidad de California en Berkeley ha trabajado con maestros deseosos de mejorar la enseñanza y el aprendizaje de la matemática en sus salones de clases y escuelas. El programa ha proporcionado una gran variedad de actividades y métodos de enseñanza que ayudan a los estudiantes, especialmente a aquellos de grupos minoritarios y mujeres, a lograr el éxito en las matemáticas.

El programa EQUALS entreteje tres hebras de importancia en el estudio de las matemáticas: Conciencia, Confianza y Estímulo. Se hace que los maestros y estudiantes ganen conciencia sobre la necesidad del estudio de las matemáticas y las oportunidades que el mismo abre para los jóvenes; se refuerza la confianza al proporcionar estrategias para alcanzar el éxito en el campo de la matemática; se estimula al estudiante a que continúe el estudio de las matemáticas y considere una amplia variedad de carreras.

Muchos de los maestros que vinieron inicialmente al programa solicitaban de nosotros ideas y materiales para los padres que en el seno del hogar ayudaban a sus niños en el estudio de las matemáticas. A través de ellos nos enteramos de la frustración de los padres, que no conociendo a fondo los programas de estudios matemáticos de sus hijos o no entendiendo la matemática contenida en los mismos, eran incapaces de ayudar a sus niños en el estudio de las matemáticas.

Pensamos que podíamos contribuir a subsanar esta situación creando un programa especial , Matemática para la Familia, el cual tendría como foco el aprendizaje de las matemáticas por padres y niños que estudian juntos. Una concesión del Fondo para el Mejoramiento de la Educación Postsecundaria (Departamento de Educación de los Estados Unidos) nos proporcionó el tiempo y el dinero necesario para desarrollar nuestras ideas y experimentar con ellas en varias comunidades, con familias de las ciudades, los suburbios y las zonas rurales. Este libro es el resultado de tres años de nuestro trabajo y la experiencia ganada por nosotros al ofrecer cursos de Matemática para la Familia.

Un curso típico de Matemática para la Familia incluye seis u ocho sesiones de una a dos horas y le brinda a los padres y los niños (de Kindergarten a octavo grado) oportunidades para desarrollar destrezas útiles en la resolución de problemas y ganar un entendimiento de la matemática a través de actividades que envuelven la manipulación de objetos concretos.

Por destrezas para la resolución de problemas entendemos las formas en que la gente aprende cómo pensar sobre un problema dado, utilizando estrategias tales como la búsqueda de patrones, el dibujo de figuras, el trabajar adelante hacia atrás, el trabajar de acompañados y la eliminación de posibilidades. El tener una fuente de estrategias permite varias alternativas en cuanto a las posibles formas iniciales de visualizar un problema, aliviando así la frustración que se siente cuando no se sabe cómo ni dónde comenzar. Mientras más estrategias se tengan, más confianza se gana y más se mejora la habilidad para resolver problemas.

Por "la manipulación de objetos concretos" nos referimos al manejo de objetos concretos tales como bloques, frijoles, monedas, palillos de dientes etc., los cuales se utilizan para ayudar a los niños a entender el significado de los números y el espacio y ayudarnos a todos en la resolución de problemas. Tradicionalmente estos materiales se utilizan en los primeros años de la escuela elemental y luego, a partir del segundo o tercer grado, la matemática de "papel y lápiz" se convierte en la regla. Este es un hecho desafortunado ya que una parte sustancial de la matemática se puede explicar y entender mejor mediante la utilización de **modelos, herramientas y materiales a ser manipulados**; en efecto muchos investigadores matemáticos y matemáticos aplicados utilizan este mismísimo recurso.

A los padres en las clases de Matemática para la Familia se les presenta una visión general de los temas matemáticos que se cubren en los niveles escolares que cursan sus niños y se les muestra la interrelación que existe entre unos temas y otros. A veces, el currículo empieza a tener sentido cuando entendemos como un concepto sirve de base para el desarrollo del próximo concepto.

Para cerciorarnos de que se tienen claras las razónes para el estudio de las matemáticas, se traen a las clases de Matemática para la Familia a hombres y mujeres que se desempeñan en ocupaciones fundamentadas en las matemáticas. Estos hablan a los padres y niños sobre las matemáticas utilizadas en sus ocupaciones y las de de sus compañeros de trabajo. Estos "modelos" con frecuencia tienen una gran importancia para los adolescentes que comienzan a pensar que nunca encontrarán usos para la matemática mientras se desempeñen como las estrellas de rock o los atletas profesionales que desean ser. Las actividades utilizadas por Matemática para la Familia relacionadas con las carreras ponen énfasis en las vueltas y los giros que toman la mayoría de nuestras vidas y resaltan la distancia existente entre lo que terminamos siendo y lo que pensábamos a los catorce años que íbamos a ser.

¿Cuál es el contenido de un curso de Matemática para la Familia?

Los cursos se suelen presentar por niveles agrupados de grados tales como K-3, 4-6 o 6-8, aunque ocurren excepciones a esta regla dependiendo del maestro o las familias envueltas. Los materiales que se utilizan en cada curso se basan en el programa escolar de matemática para los grados correspondientes y los mismos sirven para reforzar los conceptos que se introducen a través de todo el currículo.

Los temas cubiertos en las clases de Matemática para la Familia caen dentro de las categorías generales de Aritmética, Geometría, Probabilidad y Estadística, Medición, Estimación, Calculadoras, Computadoras, Pensamiento Lógico y Carreras o Profesiones.

Algunos de los temas incluidos podrían muy bien resultar desconocidos al lector, creando a este la interrogante de cómo encajar los mismos en el currículo escolar estándar de matemáticas. En efecto con mucha frecuencia, a tales temas se le dedica apenas una o dos páginas del libro de texto o se relega a las últimas páginas del mismo, donde terminan por ignorarse. Sin embargo, si

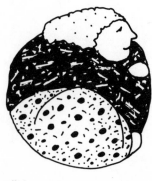

reflexionamos en torno a la matemática que utilizamos en el diario vivir, nos covenceremos de que la Aritmética está muy lejos de ser el único concepto matemático de importancia; otros temas comparten la misma importancia.

A medida que los estudiantes progresan en sus estudios matemáticos se hace necesario que estos desarrollen la habilidad para visualizar relaciones espaciales (Geometría), que aprendan a aproximar (Estimación) , a interpretar datos (Probabilidad y Estadística) y a razonar matemáticamente (Razonamiento Lógico). El tiempo que se invierte en los temas diferentes a la Aritmética no tiene porqué detraer del aprendizaje que tienen los estudiantes de las "destrezas básicas". En efecto, el caso opuesto puede darse - un estudiante que comienza a entender la Probabilidad, por ejemplo, puede encontrar repentinamente que la suma y la multiplicación resultan ser operaciones más sencillas. El trazar gráficas puede llevar a tener un mejor entendimiento de las razones y las proporciones. La estimación requiere una forma de pensamiento conducente a un mejor entendimiento de los números. Estos temas tienen un interés intrínseco y con frecuencia pueden atraer a un estudiante que anteriormente no ha sentido entusiasmo por las matemáticas o no ha tenido éxito en las mismas. Además, debemos añadir que tales temas resultan muy divertidos de enseñar.

¿Quién enseña Matemática para la Familia?

Cualquier persona entusiasta y amistosa que no siente temor. Miles de familiares han participado en cursos de Matemática para la Familia enseñados por maestros de sus niños, padres, asistentes de maestros, instructores de colegios comunitarios o personas jubiladas. Naturalmente, resulta más fácil para un maestro experimentado preparar adecuadamente una clase de Matemática para la Familia. Sin embargo los padres reciben con alegría la oportunidad de planificar una de estas clases pensando que ello les proporciona una forma de participar en las actividades de la comunidad y las escuelas de sus hijos. El Apéndice A contiene información útil para la organización y planificación de una clase de Matemática para la Familia.

¿Qué contiene este libro?

Este libro contiene suficientes actividades para enseñar un curso de Matemática para la Familia. En el Apéndice A se presenta información útil para la organización del curso. Este libro, sin embargo, se ha escrito teniendo en mente a los padres y el hogar. Hemos hecho un esfuerzo para que la presentación de las actividades y las instrucciones de las mismas sean lo suficientemente claras como para que los padres puedan utilizar el libro sin necesidad de asistir a las clases. Esto hace que los materiales sean particularmente fáciles de utilizar en clase, ya que aquellos padres que tienen la oportunidad de asistir a una clase esperan poder continuar las actividades en casa, necesitando así referirse nuevamente a las instrucciones de las mismas.

Recomendamos que los padres aprovechen toda oportunidad de trabajar con los maestros o con los otros padres para realizar las actividades conjuntamente. Creemos que es de suma importancia que los niños gocen de oportunidades para hablar con otros sobre

las matemáticas y que los padres también tengan la oportunidad de hablar sobre las matemáticas con otros adultos.

Apreciada Matemática para la Familia:

> Mi esposo y yo tenemos el deseo en promover el interés de nuestra hija en las matemáticas. Por tal razón cualquier idea o listas de materiales de referencia que ustedes nos puedan suministrar serán bienvenidas. Hemos comenzado a pensar sobre este asunto desde muy temprano (nuestra hija sólo tiene ocho meses de edad) ya que reconocemos que los primeros años serán muy importantes y queremos estar preparados.

Posiblemente muchos lectores no comparten esta impaciencia por comenzar a realizar actividades matemáticas con sus bebés, pero la Matemática para la Familia constituye una forma útil para que padres y niños inviertan tiempo juntos haciendo algo que es al mismo tiempo divertido, desafiante e importante.

> La Matemática para la Familia me ayudó a recordar algo de lo que había olvidado, pero principalmente me ayudó a ayudar a mis niños sin molestarme o irritarme con ellos.

Matemática para la Familia también constituye una alternativa mediante la cual los padres y los niños pueden comunicarse mientras desarrollan un entendimiento de los conceptos y las estrategias matemáticas.

> Quiero dar a mis niños toda posible oportunidad de sentirse a gusto con las matemáticas, lo cual nunca me ocurrió a mí. Me gustaría ser una guía para ellos y mostrarle lo fácil que pueden ser las matemáticas.

La Matemática para la Familia hace que padres y niños participen conjuntamente en la resolución de problemas, la experimentación y el descubrimiento. Más importante aún, como nos dijera un padre:

> Es mejor utilizarla, verla y escucharla que leer sobre ella.

Y Ahora el Libro de Matemática para la Familia

Ya el lector esta listo para probar las actividades de este libro. Determina aquellas apropiadas para los niveles escolares de tus niños y que tratan temas de tu interés o temas que los niños estudian en la escuela. **No es necesario comenzar por el principio** y continuar en forma metódica. Puedes intentar la primera actividad de cada capítulo o una actividad del medio de cada capítulo. Luego vuelve sobre los capítulos ya vistos y prueba otras actividades de tu grupo favorito. También podrías abrir el libro al azar y ver lo que encuentras.

¡Sobre todo, diviértete!

Presentación de una Actividad Típica

Porqué
Aquí se presentan las razones para realizar la actividad y la relación de ésta con el currículo.

Cómo
- Aquí se presenta una descripción de la actividad y las instrucciones para prepararla y realizarla.

- Cada paso se indica mediante un •.

- Se provee espacio en blanco en los márgenes o en la parte inferior de las páginas para que puedas escribir tus propios comentarios sobre la forma en que tu familia realiza la actividad. El libro es para utilizarse de manera que te debes sentir en libertad de escribir sobre sus páginas.

- Hay muchos tableros de juego y hojas de trabajo que vale la pena reproducir de manera que no tengas que arrancar las páginas donde aparecen. Los tableros de juego y los marcadores correspondientes se pueden pegar a pedazos de cartulina para aumentar así su durabilidad y facilidad de manejo. También los mismos se podrían copiar en papel grueso.

>>*La información que aparece en itálicas, limitada arriba y abajo por líneas, representa algo así como la voz del maestro que explica algo más sobre la matemática contenida en la actividad o que comenta sobre lo que podemos esperar de nuestros niños al realizar la misma.* <<

Ideas Adicionales
- Aquí se presentan sugerencias adicionales de cómo extender o adaptar la actividad.

La forma familiar: "tu" versus "usted"

En este libro nos referimos a padres y niños utilizando la forma familiar y evitando en lo posible los usos más formales de la lengua hablada. Así tratamos de salvar un poco las distancias que usualmente se crean con el trato excesivamente formal. Por tal razón, en este libro las referencias a *ti* y a *tu* niño se harán en la forma amena y amistosa del estilo familiar.

Nivel
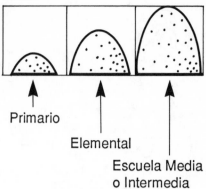

Primario

Elemental

Escuela Media o Intermedia

Materiales
Aquí se presenta una lista de los materiales necesarios para la actividad.
(Ver además la sección de materiales que sigue a la introducción de cada capítulo.)

UN
AMBIENTE
MATEMÁTICO

Creando un Ambiente Matemático

Como padres, maestros, tías, tíos, abuelos o amigos, la mayoría de nosotros sabemos que si llevamos a un niño a la biblioteca una vez a la semana y le leemos abundantemente en voz alta, ello le encamina hacia el disfrute de la lectura y le despierta el interés en la lectura misma.

Pero, ¿qué sabemos nosotros sobre cómo ayudar a los niños a disfrutar del estudio de las matemáticas? ¿Se logra acaso tal disfrute aprendiendo las tablas de multiplicación? ¿Completando páginas de problemas de división larga? ¿Existe acaso en algún lugar, alguna biblioteca matemática que contenga buenos y motivantes libros sobre las matemáticas?

¿Qué puede el lector recordar sobre su propia educación matemática? ¿Fué la misma placentera o dolorosa? ¿Cuáles eran los temas de estudio? ¿Acaso se estudiaba solamente las operaciones de suma, resta, multiplicación y división? ¿Qué piensas ahora cuando tus hijos te piden ayuda en sus tareas matemáticas?

Este libro trata de cómo ayudar a todo tipo de persona (padres, niños, maestros, vecinos etc...) a lograr un pleno disfrute de las matemáticas. Hay mucho más en la matemática que la Aritmética. La Matemática es hermosa, fascinante y exitante y está ahí para disfrutarse. Los niños (al igual que los adultos) que han explorado la Geometría, la Probabilidad y la Estadística, la Medición y la Lógica y que han aprendido a estimar y reconocer patrones y relaciones, son capaces de reconocer en los problemas matemáticos difíciles retos interesantes en lugar de tareas agobiantes. ¡Que maravilloso regalo para tu familia!

Actividades de Matemática para la Familia

Las actividades de Matemática para la Familia deben resultar divertidas, tanto si se realizan en clase como si se realizan en el hogar. No se debe sentir la urgencia o necesidad de dominar inmediatamente las ideas envueltas. No hay exámenes al final de las actividades y nadie pregunta por un listado de las destrezas aprendidas. Puedes tomarte todo tu tiempo, continuar con una actividad mientras los niños continuen interesados, probar nuevas ideas y aprender nuevos conceptos junto a los niños.

Todo esto constituye una gran oportunidad, especialmente en el hogar, de crear una atmósfera que convierte a la matemática en algo especial y atractivo. Este capítulo incluye abundantes sugerencias que ayudan a lograr esto.

Practicando la Matemática en el Hogar

He aquí algunas ideas que debes considerar al realizar actividades matemáticas junto a la familia en el hogar:

Los niños deben estar conscientes de que tú crees que ellos son capaces de lograr el éxito en las matemáticas.
Permite que ellos te observen disfrutando de las actividades y gustando de las matemáticas. Los niños tienden a emular a sus

padres y si uno de ellos dice "¡Sabes, esto sí es interesante!", esta declaración se convierte en un modelo para el niño.

Debes estar listo para hablar con tus niños sobre las matemáticas y saber escuchar lo que ellos dicen. Aun cuando tú mismo no sepas cómo resolver un problema, al pedir al niño que explique el significado de cada parte del problema, puedes descubrir estrategias que conduzcan a la solución del mismo.

Debes estar más interesado en los *procesos* envueltos en la práctica de la matemática que en la obtención de los resultados correctos. La contestación a un problema específico tiene muy poca importancia. Sin embargo, conocer **cómo** llegar a la contestación correcta es una destreza para toda la vida.

Debes cuidarte de no decir a los niños *cómo* resolver un problema. Una vez le hemos indicado al niño cómo resolver un problema, el proceso de pensar se suele detener. Es mejor preguntar a los niños sobre el problema en particular y ayudarles a encontrar sus propios métodos para llegar a la resolución.

Debes practicar con los niños la estimación siempre que sea posible. La estimación sirve para realizar el pensamiento que precede la resolución de un problema y es uno de los recursos más útiles y sensatos que podemos tener.

Provee un lugar especial para el estudio, que permita al niño crear una atmósfera propicia a su estilo de aprendizaje. Algunos niños aprenden mejor tirados sobre la cama o el piso o teniendo música de fondo. No hay reglas fijas que seguir en este punto.

Estimula el estudio en grupo. Abre tu hogar a grupos informales de estudio. Promueve grupos formales de estudio fuera del hogar, relacionados quizás con los niños exploradores, la iglesia o las organizaciones escolares. Estos grupos cobrarán una importancia especial a medida que crezcan los niños.

Debes esperar que la tarea de estudio se complete regularmente. Revisa regularmente el trabajo completado. Debes procurar **mantener positivos tus comentarios** sobre la tarea. No te conviertas en un sargento mandón. Elogia al niño que hace preguntas y busca áreas en las que puedas hacer preguntas al niño. Para lograr el éxito, el niño necesita estudiar de 30 a 60 horas semanales si cursa estudios universitarios, por lo menos media hora diaria en los grados medios y alrededor de 20 minutos diarios en la escuela elemental. Los expertos reconocen que existe una alta correlación entre el éxito en la matemática y el tiempo invertido trabajando en las tareas matemáticas.

No esperes que todas las tareas sean sencillas para tu niño o niña ni te desanimes si la tarea le resulta difícil. Nunca des muestras de que piensas que el niño es torpe. Puede parecer incongruente el que padres afectuosos y preocupados le comunican inintencionalmente a sus hijos los mensajes más negativos, como por ejemplo: "Hasta María, tu hermana menor puede resolver ese problema.", "¡Apuráte, no ves acaso que la contestación es diez!" o "No te preocupes, la matemática también era difícil para mi, y además, nunca la vas a utilizar." o "¿Porqué tienes una calificación de

B en matemática si obtuviste calificaciones de A en todas las demás asignaturas?"

Determina formas positivas de brindar apoyo a los maestros y la escuela de tu niño. Unete al grupo de padres. Bríndate a ayudar a conseguir materiales o personas que sirvan de modelos a los niños. Unete a los viajes escolares. Evita frente al niño comentarios negativos referentes a su maestro o la escuela; es importante que tu hijo se sienta a gusto con su maestro y su escuela.

Pide al maestro que te proporcione un bosquejo del curso o una lista de las espectativas de cada clase o área de estudio. Estos deberán estar disponibles al comienzo del año escolar o en la reunión previa al inicio de clases. Así podrás conocer mejor lo que hace tu niño en la escuela. El Apéndice B contiene el ejemplo de una tal lista.

Saca tiempo para asistir a las clases de tu hijo. Concerta una cita con las autoridades escolares para asistir a las clases de tu hijo durante un día típico. Asiste a los eventos escolares tales como la "Casa Abierta" o la "Noche de Retorno a Clases".

Examina cuidadosamente los resultados de las pruebas estandarizadas, y pregunta sobre algún resultado que pueda indicar diferencia en alguna destreza o algún talento especial. Sin embargo, no deberás utilizar los resultados de tales pruebas como tu fuente **primaria** de evaluación. Las observaciones del maestro y las tuyas propias podrían ser más valiosas. Algunos de los atributos más útiles, como el perseverar al intentar resolver un problema o el tener muchas estrategias efectivas a utilizar, no se pueden poner a prueba con papel y lápiz.

Pregunta al maestro al comenzar el período de clases, cómo se toman las decisiones sobre la ubicación de los estudiantes en cursos subsiguientes. Esto es especialmente importante si tu niño está en los grados más altos o si ha cambiado de escuela.

No insistas en la práctica rutinaria de ejercicios matemáticos, ni crees un ambiente hostil insistiendo en que el trabajo se realice a un tiempo específico o de una manera específica. No utilices el trabajo matemático como un castigo. Los padres y los adolescentes ya tienen una gran lista de diferencias que pueden crear fricción entre ellos sin necesidad de añadir la matemática a la misma.

Modela la persistencia y el disfrute con la matemática. Procura incluir actividades matemáticas recreativas y de enriquecimiento en la rutina familiar. Trata de presentar ideas matemáticas (con sutileza) durante la cena, mientras viajas con la familia y aun en el supermercado mientras estás de compras.

¡Sobre todo, disfruta la matemática!

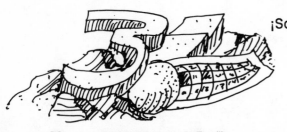

Capítulo II

COMENZANDO

Comenzando

Las actividades de este capítulo se conocen como "actividades de inicio." Son buenas actividades para presentarlas al comienzo de una clase de Matemática para la Familia o para utilizarlas cuando la familia comienza a explorar las matemáticas.

Las primeras experiencias de Matemática para la Familia deben ser muy interesantes, incluyendo juegos o problemas que propicien la conversación sobre lo que se está haciendo y, si posible, que utilicen materiales que se puedan manipular y mover en diferentes arreglos. Usualmente es preferible minimizar las explicaciones o instrucciones iniciales, pasando rápidamente a la actividad misma. Al final de la actividad se pueden añadir comentarios y explicaciones adicionales.

Las primeras tres actividades son particularmente apropiadas para los niños más jóvenes. Ellas proveen práctica y refuerzo para las destrezas aritméticas y el sentido numérico. Los niños aprenderán, por ejemplo, a entender el significado de un número como **cinco,** no ya como un número abstracto o una palabra en una oración, sino en términos concretos.

El resto de las actividades son apropiadas prácticamente para cualquier edad e incluyen temas adicionales a la Aritmética, tales como juegos sobre rejillas, lógica y figuras geométricas. Algunas incluyen la estimación y la aritmética mental, y dan a niños y adultos la sensación de poder que surge cuando pensamos sobre lo que son realmente los números en lugar de practicar rutinas númericas con papel y lápiz. Las actividades iniciales utilizan materiales concretos para ayudar a entender el significado de los números.

Materiales

Papel

Lápices y plumas

Tijeras

Objetos para contar y
   marcadores tales como
   monedas, frijoles, chapas,
   bloques pequeños, botones
   etc...

Cartones para huevos

Crayolas

Dados

Papel cuadriculado
   (Ver páginas 79-82)

Palillos de dientes

Pajas o sorbetos

Tarjetas 3" x 5"

Una regla métrica

Una calculadora

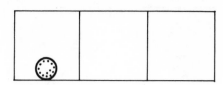

Porqué
Para entender los números.

Cómo
- Dibuja cuatro grandes manchas en cada una de quince de hoja de papel. Separa algunos objetos pequeños.

Materiales

Papel

Pluma o bolígrafo

Objetos para contar

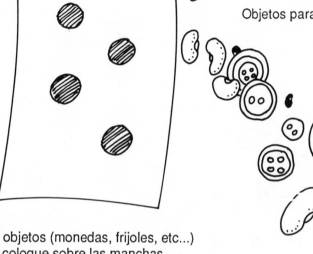

- Pide a tu niño que cuente cuatro objetos (monedas, frijoles, etc...) para cada una de las hojas y los coloque sobre las manchas mientras repite "uno, dos, tres, cuatro".

- Práctica con estas hojas por varios días y luego pide a tu hijo o hija que coloque cuatro objetos en diez o quince hojas **en blanco.** Cuando el niño sea capaz de realizar esto sin dificultad, puedes repetir la actividad con cinco objetos.

- La repetición y la concentración en un sólo número es importante para desarrollar el sentido interno del niño que da realidad a cada número. No te apresures a pasar a un nuevo número.

>>*La mayoría de los niños jóvenes podrán contar mecánicamente hasta 10 ó 20, pero es posible que no puedan dar con exactitud 10 ó 20 monedas.* <<

Números para Envases de Huevos

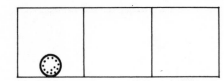

Nivel

Materiales

Cartón o envase para una

   docena de huevos

78 frijoles

Pluma de felpa

Porqué

Para ganar experiencias con los números.

Cómo

- Con la pluma de felpa marque cada espacio del cartón con los números del 1 al 12.

- Da al niño 78 frijoles (u otros objetos pequeños) y pídele que los cuente colocando en cada sección del cartón el número que se indica. Deberá haber un solo frijol en el espacio marcado "1", dos en el espacio marcado "2", y así sucesivamente.

- Si el niño cuenta correctamente utilizará exactamente 78 frijoles. ¿Puedes explicar porqué?

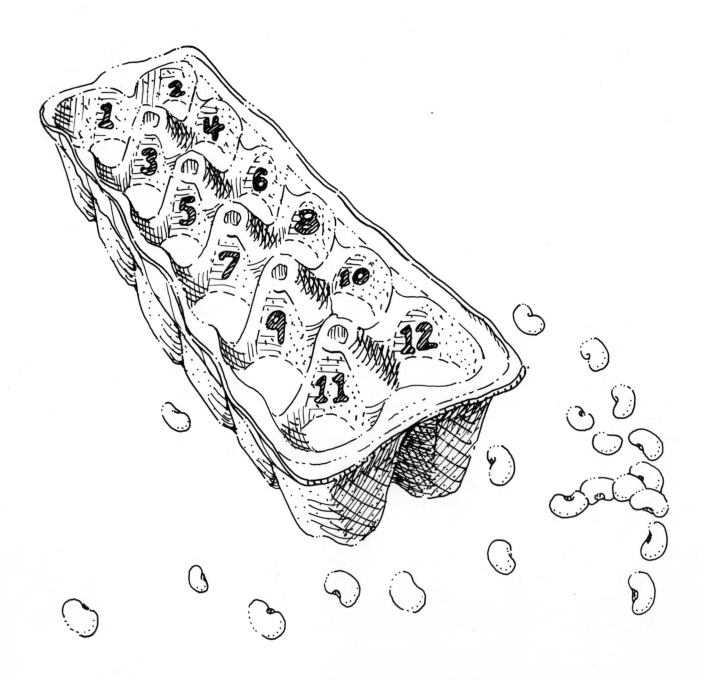

Par o Impar

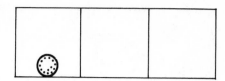

Porqué
Para entender los números.

Cómo
- Pide a tu niño que tome una mano llena de frijoles u otros objetos pequeños.

- Cuéntalos con el niño.

- Luego ayuda al niño a colocarlos de dos en dos para determinar si el número es par o impar. En el caso de un número impar de frijoles, al final quedará un frijol solo. En el caso de un número par, habrá un número exacto de pares sin que sobre frijol alguno.

- Mantén un registro de lo que ocurre. ¿Ves algún patrón?

Materiales
Hoja de anotaciones

Frijoles u objetos pequeños

Crayolas azules y rojas

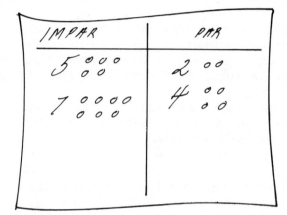

- Para visualizar el patrón escribe los números en una fila. Colorea de azul los números impares y de rojo los números pares.

>> El concepto de paridad es importante para entender las fracciones, el Algebra y otras áreas de la matemática avanzada. <<

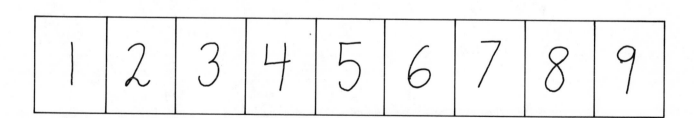

Cruce de Animales

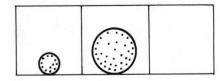

Nivel

Materiales

Tablero para el Cruce de
    Animales I o de Animales II

4 marcadores de animales

1 dado con los siguientes
    números: 1, 1, 2, 2, 3, 3

Un juego para
2-4 jugadores

Porqué

Para entender mejor las representaciones bidimensionales al mover
las piezas de un juego sobre un cuadriculado.

Cómo

- Cada jugador escoge un lado diferente del cuadriculado y coloca
  sus marcadores a lo largo de ese lado.

- Los jugadores se turnan para tirar el dado y cada uno se mueve
  un número de cuadrados menor o igual al número indicado por el
  dado.

- En su primer turno cada jugador coloca su marcador en cualquier
  cuadrado del borde del cuadriculado que le ha correspondido y
  comienza a contar a partir de esa posición. La meta de cada
  jugador consiste en llegar al lado opuesto del cuadriculado.

- Los jugadores se pueden mover en una sola dirección. Solamente
  se puede cambiar de dirección al comienzo de un turno. Si el
  marcador llega a alguna barrera, el turno termina aunque el
  jugador no haya completado el número indicado por el dado.

- El juego continúa hasta tanto todos los animales hayan cruzado el
  cuadriculado. El último jugador en terminar puede escoger su lado
  del cuadriculado para el próximo juego.

>> *Este juego se puede repetir en varias ocasiones. Los niños
ganarán experiencia contando y aprenderán estrategias sencillas
al planear cada movimiento. La familiaridad con los cuadriculados
podría tener importancia futura especialmente en el estudio de la
Geometría y el Cálculo. Como una posible extensión de esta
actividad los niños podrían preparar sus propios cuadriculados.* <<

Cruce de Animales I

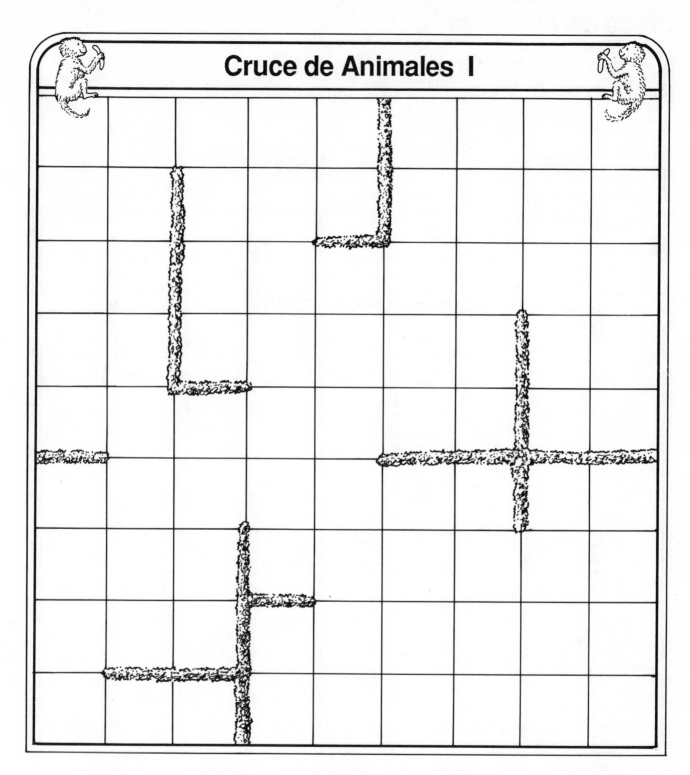

Marcadores

Cruce de Animales II

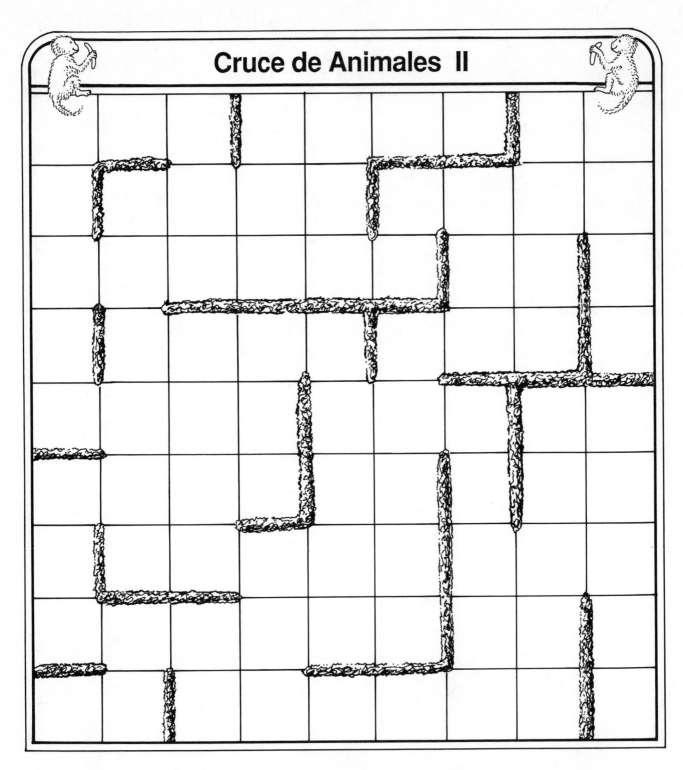

Marcadores

Adivinando Números

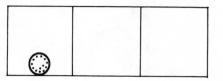

Porqué

Para ayudar a los niños a entender mejor el orden de los números y a aprender sobre el razonamiento por eliminación.

Cómo

- Escoge los números apropiados para tu niño o niña. Para los estudiantes de kindergarten los números del 1 al 10 son adecuados; para los del primer grado o de grados posteriores los números del 0 al 20 servirán para esta actividad. Cada jugador necesitará una recta númerica que cubra los números a utilizarse en la actividad.

- El dirigente del juego escoge un número secreto de la recta numérica.

- Los jugadores deberán adivinar el número en el número mínimo posible de intentos.

- Los jugadores se turnan para adivinar.

- El dirigente ofrece claves respondiendo "muy grande" o "muy pequeño" para cada número incorrecto adivinado.

- Los jugadores colocan marcadores de un color sobre los números mas pequeños y de otro color sobre los números mas grandes. Este procedimiento será de utilidad para reducir la cantidad de números a adivinar.

- El jugador que adivine el número correcto dirige el próximo juego.

Nivel

Materiales

Rectas numéricas preparadas
en papel cuadriculado
(Ver páginas 79-82.)
Marcadores para cubrir los
números eliminados

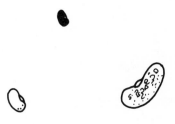

Recta Numérica

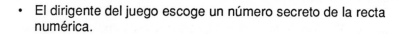

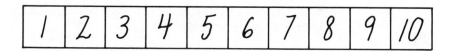

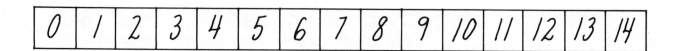

Viaje en Globo

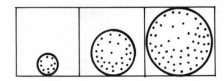

Nivel

Materiales

10 o más palillos de dientes

Tablero del Viaje en Globo

Un juego para 2 personas

Porqué

Para practicar técnicas para la resolución de problemas al tratar de descubrir cómo ganar en una variante del antiguo juego chino de NIM.

Cómo

• Relata a los niños una historia sobre un globo de aire caliente que llega a la ciudad. Hay un concurso cuyo premio consiste de un viaje gratis en el globo. El globo está sujeto a la tierra por diez sogas. Dos personas se turnan para cortar las sogas. Cada persona puede cortar **una** o **dos** de las sogas y la persona que corta la última gana el viaje en globo.

• Coloca diez palillos de dientes en el tablero del Viaje en Globo para representar las sogas.

• Cada jugador toma turnos para remover **uno** o **dos** de los palillos.

• Ningún jugador puede omitir su turno.

• El jugador que remueve el último o los dos últimos palillos gana el viaje en globo.

>> *Cuando cada cual haya comenzado a reconocer patrones y posibles estrategias para ganar, se deberá trabajar en grupo para dar con un procedimiento que siempre garantice la victoria. (Sugerencia: Comiecen el juego con un número reducido de palillos. ¿Cuál es la mejor forma de jugar para ganar? Añade algunos palillos adicionales. Este procedimiento se conoce como **trabajando a la inversa**.)* <<

Ideas Adicionales

• Luego de que estés seguro de haber dado con una estrategia para ganar, aumenta el número de palillos. Podrías, por ejemplo, utilizar 12 o 15 palillos.

• Podrías también cambiar el número de palillos que se pueden remover en cada turno. Por ejemplo, se podrían remover uno, dos o tres palillos por turno.

• Podrías aún alterar las reglas de suerte que el jugador que remueva el último palillo es el **perdedor** en lugar del **ganador**.

>> *Esta actividad desarrolla el entendimiento intuitivo que se tiene de la resta. Si los niños dan con una estrategia para ganar, ello les podría resultar útil para desarrollar una idea más firme sobre la naturaleza de los números.* <<

Viaje en Globo

Coloca 10 Palillos Conectando El Globo a la Tierra

Sumar al Blanco

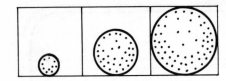

Nivel

Materiales

Tablero (Ver ilustración.)

Marcadores

Un juego para

2 - 4 jugadores

Porqué

Para practicar aritmética mental y la planificación de estrategias.

Cómo

• Escoge el blanco, es decir, un número entre 25 y 55.

• Los jugadores se turnan para colocar marcadores sobre el tablero de juego y anuciar el total de los números cubiertos hasta ese momento.

• Por ejemplo, si el primer jugador cubrió un 4, el segundo un 3 y el tercero un 2, la suma seria 4+3+2 o 9. Si un cuarto jugador cubre un 4, el total sería 9+4 o 13.

• Cada cuadrado puede tener a lo sumo un solo marcador.

• El primer jugador en alcanzar el blanco gana el juego. Un jugador que se pase del blanco queda eliminado del juego.

5	5	5	5	5
4	4	4	4	4
			3	3
				2
1				1

Tablero de los Puentes

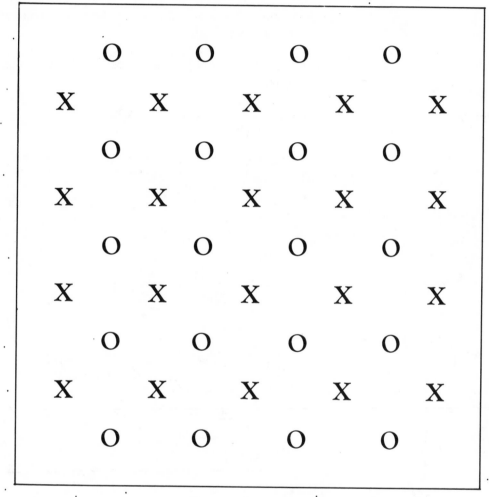

O   O   O   O

X   X   X   X   X

O   O   O   O

X   X   X   X   X

O   O   O   O

X   X   X   X   X

O   O   O   O

X   X   X   X   X

O   O   O   O

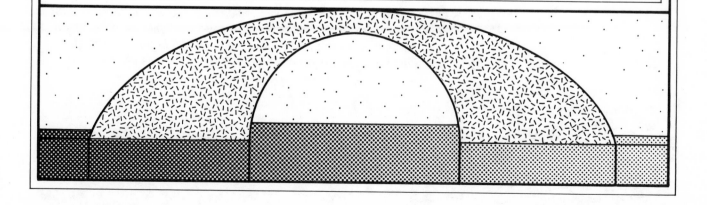

Adivina y Agrupa

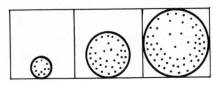

Nivel

Materiales

Envases conteniendo:

Frijoles

Botones

Bloques pequeños

Pajas o sorbetos

Palillos de dientes

etc...

Porqué

Para enseñar estimación y agrupación.

Cómo

- Introduce una mano en uno de los envases y toma con ella todos los objetos que puedas. Haz que tu niño haga lo mismo.

- Antes de que abras la mano y veas los objetos que has sacado del envase trata de adivinar cuántos hay. Escribe los números adivinados por ti y tu niño.

- Cuenta el número de objetos sacados. Cuenta en grupos de cinco. En grupos de diez.

- Haz un dibujo de lo que has contado y escribe el número en la hoja de resultados.

- Continúa con otros materiales como se indica en la hoja de resultados ilustrada a continuación:

MATERIAL	ADIVINANAZAS	DIBUJOS	NÚMEROS
FRIJOLES	20		12
BOTONES	16		8
PAJAS O SORBETOS	7		6

Ideas Adicionales

- Pide a los niños mayores que cuenten en grupos de 3, 4, 6, 7, 8 y 9 objetos para reforzar las nociones de la multiplicación y la división.

>> *El agrupar es una de las ideas básicas necesarias para desarrollar los conceptos numéricos de valor relativo, multiplicación y división. Los niños necesitan muchas experiencias con la agrupación que incluyan variedad en los materiales y los números utilizados.* <<

Cuánto Suman los Dados

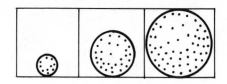

Nivel

Porqué
Para practicar las propiedades de la suma y la aritmética mental.

Cómo
- Distribuye las cintas del juego de suerte que a cada jugador le corresponda una, o indícales a los jugadores que escriban los enteros del 1 al 9 en un pedazo de papel.

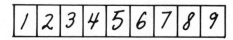

- Los jugadores se turnan para tirar los dados.

- En su turno cada jugador puede cubrir cualquier número de la cinta que corresponde a la suma de los dados ó **cualesquiera dos números** que aún no están cubiertos y cuya suma sea la misma que la de los dados.

  Por ejemplo, si los dados suman 9, el jugador podría cubrir cualesquiera de los siguientes números: 9 **o** 1 y 8 **o** 2 y 7 **o** 3 y 6 **o** 4 y 5.

- Si en algún momento del juego se obtuviese la suma de 9 en los dados y el 5 ya estuviese cubierto, entonces el jugador no podria cubrir la combinación del 4 y el 5 y tendría que cubrir alguna de las otras posibles combinaciones mencionadas.

- Si un jugador no puede cubrir ningún número o ningún par de números en su turno, queda eliminado del juego y acumula un total de puntos que corresponde a la suma de los números aún sin cubrir en la cinta.

- El juego continúa con el resto de los jugadores hasta tanto todos se hayan eliminado.

- La última persona en eliminarse no gana el juego necesariamente; el juego lo gana el que tenga la puntuación **menor**.

Materiales
2 dados

Cintas del juego

Frijoles, algún otro tipo
   de marcador,
   o papel y lápiz

Un juego para
2 - 4 jugadores

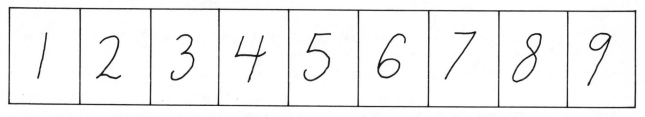

Cinta del juego

Pagando el Precio

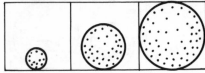

Nivel

Porqué

Para familiarizarse con el valor de las monedas y ganar práctica haciendo una lista organizada.

Cómo

- Ayuda a tu niño a determinar las formas diferentes en que se podría pagar por cada uno de los artículos con monedas de 1,5,10 o 25 centavos.

- Para cada una de las formas de pagar determinadas, coloca sobre el tablero las monedas utilizadas en las columnas correspondientes. Luego anota en el papel provisto las diferentes formas en que se puede pagar cada uno de los artículos.

- Por ejemplo, el confite tiene dos maneras:

Materiales

50 monedas de 1 centavo

10 monedas de 5 centavos

5 monedas de 10 centavos

2 monedas de 25 centavos

Un tablero para colocar las
   monedas

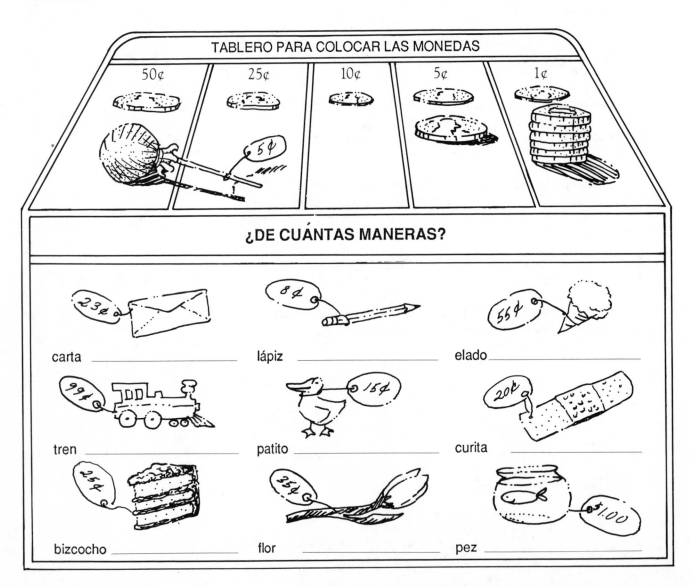

Tablero Para Colocar Las Monedas

50¢ 	25¢ 	10¢ 	5¢ 	1¢ 

Tangramas

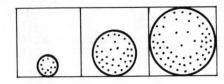

Nivel

Materiales

Las piezas del rompecabezas

del tangrama

(Ver la página 42.)

La Hoja de Formas del

Tangrama

(Ver la página 43.)

Porqué
Para entender mejor las relaciones espaciales.

Cómo

- Lee en la página 42 las instrucciones para preparar las piezas del tangrama.

- Presta ayuda a los niños para cortar cuidadosamente las siete piezas del tangrama.

- Trabajando en grupo, utilicen todas las piezas del tangrama para cubrir la forma del pájaro.

- Para preparar otros rompecabezas similares, comienza por diseñar alguna forma interesante utilizando las piezas del tangrama. Luego traza cuidadosamente una línea que reproduzca la forma diseñada. Remueve las piezas y procura que alguno de tus amigos resuelva el rompecabezas.

- Utiliza todas las siete piezas del tangrama para reproducir la forma de tu primera inicial. Haz un trazo de esta forma en papel brillante. Luego prepara tu segunda inicial.

La Forma del Pájaro

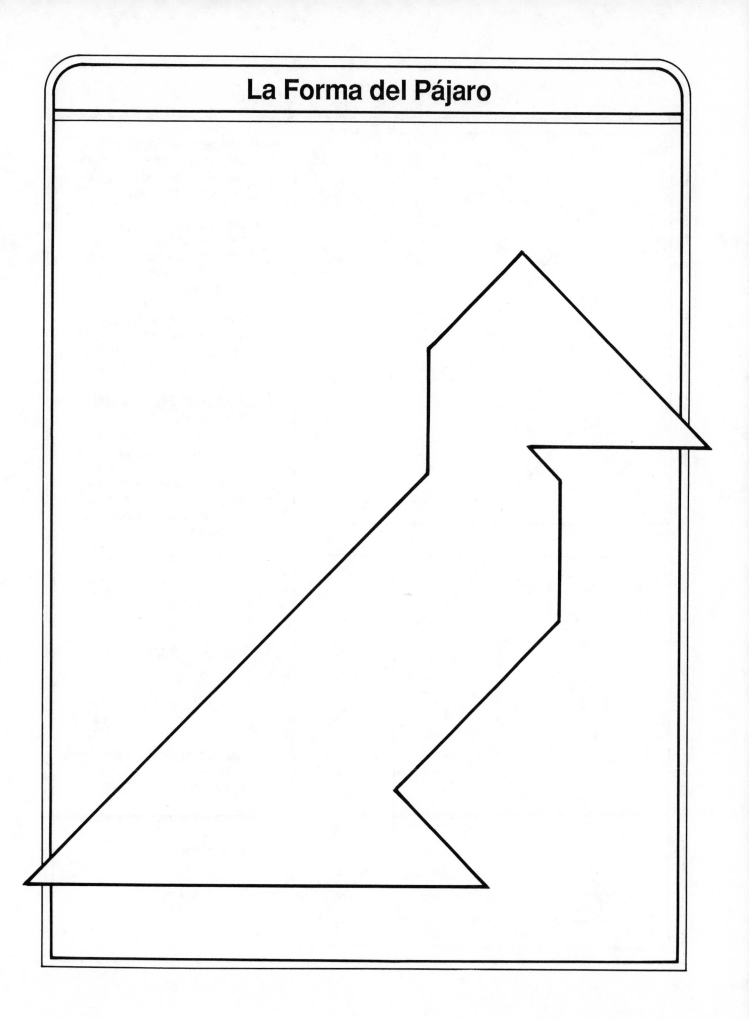

Patrones de Tangramas

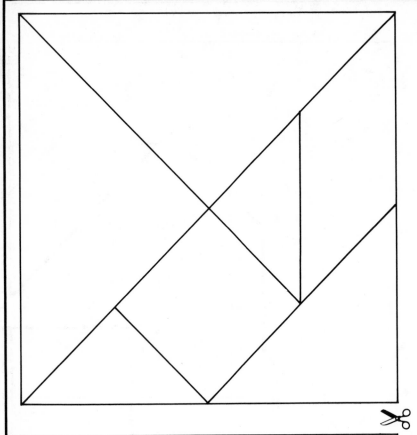

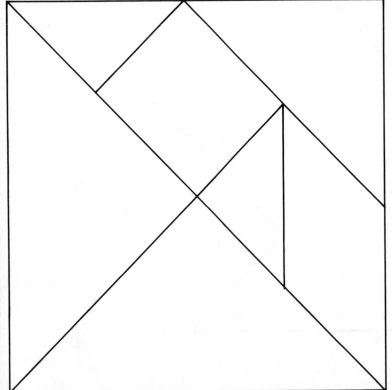

Patrones de Tangramas

- Cada persona debe tener un cuadrado de donde cortar las piezas del tangrama.

- Sería conveniente llevar el libro a algún lugar donde se pudieran hacer copias de esta página en un tipo de papel más grueso.

- Pon tus iniciales en cada una de las piezas de tu tangrama. Guarda las piezas en un sobre para utilizarlas más adelante.

La Hoja de Formas del Tangrama

- Utiliza la Hoja de Formas del Tangrama (ver la página siguiente) para anotar las formas que puedes diseñar mediante el uso de 1, 2, 3, 4, 5, 6 ó 7 de las piezas del tangrama.

    cuadrado

    triángulo

    rectángulo

    trapezoide

    paralelogramo

    rombo

    pentágono

- Cuando hayas logrado obtener cada forma, haz un trazo alrededor de cada figura.

- Trata de reproducir la misma forma utilizando piezas diferentes.

La Hoja de Formas del Tangrama

¿Qué formas puedes obtener con las piezas de un Tangrama? Haz un trazo de tus soluciones.

Número de piezas utilizadas / Forma	1	2	3	4	5	6	7
Cuadrado							
Triángulo							
Rectángulo							
Trapezoide							
Paralelogramo							
Rombo							
Pentágono							
Otra							

Cien Tarjetas

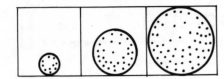

Nivel

Materiales

100 tarjetas 3 x 5

   (numeradas del 1 al 100)

Papel

Lápices

Lista de contestaciones

   (Ver próxima página.)

Un juego para

2 o más personas

Porqué

Para añadir un nuevo giro al uso de las tarjetas de práctica para la multiplicación que persigue afianzar el sentido númerico de los niños mas allá de las nociones básicas.

Cómo

- Mezcla bien las tarjetas y distribúyelas, caras hacia abajo, entre todos los jugadores.

- Los jugadores se turnan y enseñan una tarjeta al resto de los jugadores.

- Los demás jugadores utilizan el número mostrado para escribir tantos problemas de multiplicación de dos números como les sea posible.

- Para que un problema de multiplicación sea aceptable, el producto de los dos números envueltos debe coincidir con el número mostrado. Por ejemplo, los problemas correspondientes al número 24 serían: **1 x 24, 2 x 12, 3 x 8 y 4 x 6**. Notar que **24 x 1** cuenta como **1 x 24, 12 x 2** cuenta como **2 x 12** , y así sucesivamente.

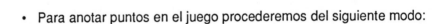

$$7 \times 9 = \boxed{63}$$

| **Factores** | **Producto** |

- Para anotar puntos en el juego procederemos del siguiente modo:

  - Se anota 1 punto por cada problema correcto con ambos factores menores que 11 o con 1 como uno de los factores.

  - Se anotan dos puntos por cada problema en que hay un factor mayor que 10. (por ejemplo 2 x 15 o 3 x 21.)

  - Se anotan 3 puntos por reconocer un número primo. (Un número es primo si el único problema de multiplicación posible consiste de 1 multiplicado por el propio número. Así pues 1 x 17 y 1 x 37 son los únicos problemas de multiplicación para 17 y 37 respectivamente, de suerte que estos números son primos.)

>> *Se debe tener disponible un listado de todos los posibles problemas de multiplicación para los números del 1 al 100. La preparación de tal listado podría ser un buen ejercicio para los niños mayores. Las contestaciones correspondientes a un número dado se podrían escribir al dorso de la tarjeta en que aparece el número.* <<

Factores y Productos

$1=1\times1$	$24=1\times24$	$41=1\times41$	$58=1\times58$	$73=1\times73$	$88=1\times88$
$2=1\times2$	$=2\times12$	$42=1\times42$	$=2\times29$	$74=1\times74$	$=2\times44$
$3=1\times3$	$=3\times8$	$=2\times21$	$59=1\times59$	$=2\times37$	$=4\times22$
$4=1\times4$	$=4\times6$	$=3\times14$	$60=1\times60$	$75=1\times75$	$=8\times11$
$=2\times2$	$25=1\times25$	$=6\times7$	$=2\times30$	$=3\times25$	$89=1\times89$
$5=1\times5$	$=5\times5$	$43=1\times43$	$=3\times20$	$=5\times15$	$90=1\times90$
$6=1\times6$	$26=1\times26$	$44=1\times44$	$=4\times15$	$76=1\times76$	$=2\times45$
$=2\times3$	$=2\times13$	$=2\times22$	$=5\times12$	$=2\times38$	$=3\times30$
$7=1\times7$	$27=1\times27$	$=4\times11$	$=6\times10$	$=4\times19$	$=5\times18$
$8=1\times8$	$=3\times9$	$45=1\times45$	$61=1\times61$	$77=1\times77$	$=9\times10$
$=2\times4$	$28=1\times28$	$=3\times15$	$62=1\times62$	$=7\times11$	$=6\times15$
$9=1\times9$	$=2\times14$	$=5\times9$	$=2\times31$	$78=1\times78$	$91=1\times91$
$=3\times3$	$=4\times7$	$46=1\times46$	$63=1\times63$	$=2\times39$	$=7\times13$
$10=1\times10$	$29=1\times29$	$=2\times23$	$=3\times21$	$=3\times26$	$92=1\times92$
$=5\times2$	$30=1\times30$	$47=1\times47$	$=7\times9$	$=6\times13$	$=2\times46$
$11=1\times11$	$=2\times15$	$48=1\times48$	$64=1\times64$	$79=1\times79$	$=4\times23$
$12=1\times12$	$=3\times10$	$=2\times24$	$=2\times32$	$80=1\times80$	$93=1\times93$
$=2\times6$	$=5\times6$	$=3\times16$	$=4\times16$	$=2\times40$	$=3\times31$
$=3\times4$	$31=1\times31$	$=4\times12$	$=8\times8$	$=4\times20$	$94=1\times94$
$13=1\times13$	$32=1\times32$	$=6\times8$	$65=1\times65$	$=5\times16$	$=2\times47$
$14=1\times14$	$=2\times16$	$49=1\times49$	$=5\times13$	$=8\times10$	$95=1\times95$
$=2\times7$	$=4\times8$	$=7\times7$	$66=1\times66$	$81=1\times81$	$=5\times19$
$15=1\times15$	$33=1\times33$	$50=1\times50$	$=2\times33$	$=9\times9$	$96=1\times96$
$=3\times5$	$=3\times11$	$=2\times25$	$=3\times22$	$=3\times27$	$=2\times48$
$16=1\times16$	$34=1\times34$	$=5\times10$	$=6\times11$	$82=1\times82$	$=3\times32$
$=2\times8$	$=2\times17$	$51=1\times51$	$67=1\times67$	$=2\times41$	$=4\times24$
$=4\times4$	$35=1\times35$	$=3\times17$	$68=1\times68$	$83=1\times83$	$=6\times16$
$17=1\times17$	$=5\times7$	$52=1\times52$	$=2\times34$	$84=1\times84$	$=8\times12$
$18=1\times18$	$36=1\times36$	$=2\times26$	$=4\times17$	$=2\times42$	$97=1\times97$
$=2\times9$	$=2\times18$	$=4\times13$	$69=1\times69$	$=3\times28$	$98=1\times98$
$=3\times6$	$=3\times12$	$53=1\times53$	$=3\times23$	$=4\times21$	$=2\times49$
$19=1\times19$	$=4\times9$	$54=1\times54$	$70=1\times70$	$=7\times12$	$=7\times14$
$20=1\times20$	$=6\times6$	$=2\times27$	$=2\times35$	$=6\times14$	$99=1\times99$
$=2\times10$	$37=1\times37$	$=3\times18$	$=5\times14$	$85=1\times85$	$=3\times33$
$=4\times5$	$38=1\times38$	$=6\times9$	$=7\times10$	$=5\times17$	$=9\times11$
$21=1\times21$	$=2\times19$	$55=1\times55$	$71=1\times71$	$86=1\times86$	$100=1\times100$
$=3\times7$	$39=1\times39$	$=5\times11$	$72=1\times72$	$=2\times43$	$=2\times50$
$22=1\times22$	$=3\times13$	$56=1\times56$	$=2\times36$	$87=1\times87$	$=4\times25$
$=2\times11$	$40=1\times40$	$=2\times28$	$=3\times24$	$=3\times29$	$=5\times20$
$23=1\times23$	$=2\times20$	$=4\times14$	$=4\times18$		$=10\times10$
	$=4\times10$	$=7\times8$	$=6\times12$		
	$=5\times8$	$57=1\times7$	$=8\times9$		
		$=3\times19$			

Mide 15

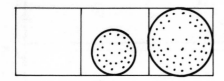

Nivel

Materiales

Regla métrica

Objetos para medir

Hoja de anotaciones

Porqué

Para practicar la estimación y la medida en centímetros.

Cómo

• Prepara una hoja de anotaciones como la ilustrada.

• Junto a tu niño o niña estima si los lápices que utilizan miden **menos, más** o **lo mismo** que 15 centímetros de largo.

• Registra tus estimados en la columna correspondiente de la hoja de anotaciones.

• Luego mide el largo de los lápices.

• Repite el mismo procedimiento con otros objetos.

• Busca objetos adicionales para estimar y medir. ¿Mejoran los estimados?

OBJETO	ESTIMADO			MEDIDO
	MENOS DE 15 CM	COMO 15 CM	MÁS DE 15 CM	
LÁPIZ	✓ PAPÁ	✓ JUAN		JUAN-12 CM PAPÁ-9 CM
LIBRO				
MESA				
DISTANCIA DEL CODO A LA MUÑECA				
LARGO DEL PIE				

Ideas Adicionales

• Para hacer la actividad más interesante, utiliza únicamente objetos cuyas medidas sean correspondientes a 15 cm aproximadamente.

Regla Métrica

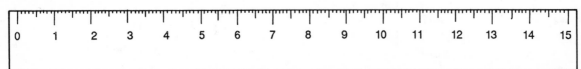

La Calculadora Agil

Porqué
Para desarollar estrategias, utilizar patrones como claves, practicar la suma y la resta y aprender destrezas útiles en la operación de una calculadora electrónica.

Cómo
- Ver la próxima página para las instrucciones de los juegos.

- Juega **7 Arriba** con tu niño por lo menos 5 veces.

- Luego de cada juego la persona perdedora decide si jugar primera o segunda en el siguiente juego.

- Procura descubrir algún momento en el juego en que es evidente quien habrá de resultar ganador.

- Discute los patrones observados y las ideas desarolladas sobre las posibles estrategias para ganar el juego. Procura que todos prueben sus estrategias participando en tantos juegos como sean necesarios. Es muy importante que se juegue con calma y sin presión de tiempo.

- Practica varias veces otros juegos en la hoja de instrucciones.

- Intenta dar con patrones y estrategias que te permitan ganar el juego.

Nivel

Materiales
1 calculadora para cada
  2 personas
Instrucciones para la
  Calculadora Agil
  (Próxima Página)

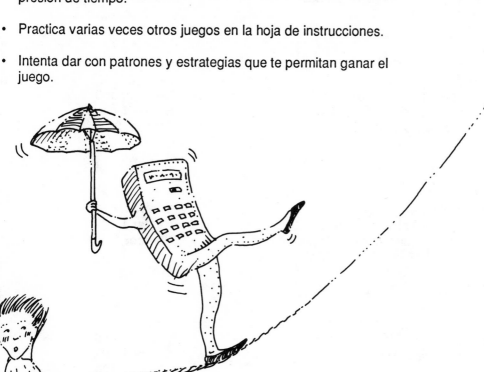

La Calculadora Agil
Instrucciones
(1 calculadora para cada 2 personas)

7 Arriba
Aclarar la calculadora de manera que 0 aparezca
en la ventanilla. Los jugadores se turnan para
sumar 1 ó 2 al número que aparece en la ventanilla.
La persona que alcance primero una suma de 7 será
la ganadora. Si un jugador se excede de 7, el mismo
pierde.

Comienzo: 0
Sumar 1 ó 2
Blanco: 7

11 Abajo
Aclarar la calculadora y colocar el número "11"
en la ventanilla. Restar 1 ó 2 al número en la
ventanilla en cada uno de los turnos. El ganador
será quien consiga llegar al 0.

Comienzo: 11
Restar 1 ó 2
Blanco: 0

Cuesta Arriba al 21
Aclara la calculadora de modo que 0 aparezca
en la ventanilla. En cada turno sumar 1,2,3 ó 4.
El ganador será quien consiga llegar al 21.

Comienzo: 0
Sumar 1 - 4
Blanco: 21

Cuesta Abajo del 101
Coloca el 101 en la ventanilla . En cada turno
restar 1, 2, 3, 4, 5, 6, 7, 8 ó 9 al número de la
ventanilla. El ganador será quien consiga llegar
al cero.

Comienzo: 101
Restar 1 - 9
Blanco: 0

Un Siglo
Comenzar en cero y llegar al 100 sumando 1-9
en cada turno. ¡ Sé observador !

Comienzo: 0
Sumar 1 - 9
Blanco: 100

2001
Colocar el 2001 en la ventanilla. Tomar turnos
para restar 1-99 del número en la ventanilla. Quien
llegue a cero será el ganador.

Comienzo: 2001
Restar 1 - 99
Blanco: 0

¡A Comprar se ha Dicho!

Porqué

Para aprender destrezas sobre el uso de la calculadora.

>> Muchas calculadoras tienen teclas especiales de "memoria" que nos permiten almacenar y recobrar resultados intermedios de cálculos extensos. Las operaciones usuales que podemos efectuar con la memoria de la calculadora (sus nombres pueden variar de calculadora a calculadora) son:

Tecla para aclarar la memoria **MC** (Memory Clear).
– aclara la memoria y elimina cualquier cantidad almacenada en ella anteriormente.

Tecla para recuperar cantidades de la memoria **MR** (Memory Recall).
– exhibe en la ventanilla el número que almacena la memoria (el número **permanece** en la memoria).

Tecla para sumar a la memoria **M+**
– suma el número que aparece en la ventanilla al número almacenado en la memoria.

Tecla para restar a la memoria **M-**
– resta el número que aparece en la ventanilla al número almacenado en la memoria. Usualmente hay un indicador en la ventanilla que se activa cuando hay alguna cantidad (diferente de cero) almacenada en la memoria. <<

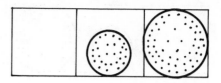

Nivel

Materiales

Calculadora

Cómo

- Experimenta con tu niño o niña y cerciórate de que entiende bien el funcionamiento de las teclas para operar la memoria de la calculadora. Para más información sobre este aspecto de la calculadora puedes revisar el capítulo sobre *Estimación y Calculadoras*. A continuación presentamos una breve historia de compras que presenta un problema que deberás intentar resolver con la calculadora, sin utilizar papel o lápiz. (¡Recuerda, la matemática deber ser divertida!)

Una tarde, cuando el termómetro de Coca Cola marcaba 120°, la Tia Bebe notó que una de las pilas de su computadora estaba a punto de agotarse. Acto seguido, la Tia Bebe se abrió paso a la ferretería donde compró 80 unidades de pilas a $1.80 la unidad. Cediendo a la presión de sus impulsos, compró también siete ramos de flores a $.49 el ramo y ocho discos de computadora. (Estos últimos estaban en oferta especial a $13.56 el par.) Naturalmente, la Tia Bebe aprovechó la oportunidad y compró también un abanico para refrescar a su computadora y a sí misma. El abanico costó $27.55. ¿Cuál fué la cantidad total de las compras impulsivas de la Tia Bebe?

>> **Advertencia:** A continuación aparece la contestación al problema, codificada de suerte que no la tengas que descifrar antes de que así lo desees. Para descifrar el misterio suma $99.99 a la cantidad que ves al colocar la página sobre un espejo. <<

129.29

Operaciones Ordenadas

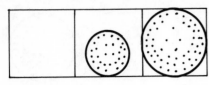

Nivel

Materiales

Calculadoras

Porqué

Para entender mejor como funcionan las calculadoras.

Cómo

• Todos juntos deberán trabajar en los siguientes problemas.

• Estudia el primer problema y decide si entrando los números y las operaciones a la calculadora en el orden indicado resulta un 22 en la ventanilla.

• Luego entra el problema a la calculadora para cotejar tu resultado.

• Continúa con el resto de los problemas, en cada caso estimando primeramente el resultado.

Problemas:

$3 \times 6 + 4 = 22$

3	x	6	+	4	=

$5 \times (7 - 3) + 4 = 24$

5	x	7	−	3	+	4	=

$4 \times (12 \div (6 - 3)) = 16$

4	x	1	2	÷	6	−	3	=

$17 - 3 \times 5 = 2$

1	7	−	3	x	5	=

$80 \times 3/5 = 48$

8	0	x	3	÷	5	=

$80 \div 3/5 = 133.33$

8	0	÷	3	÷	5	=

>> *El estudio del Algebra requiere que entendamos adecuadamente las reglas del " orden de las operaciones ". Los programadores que realizan cálculos en las computadoras deben entender muy bien estas reglas.* <<

Capítulo III

PROBLEMAS
VERBALES
Y
RAZONAMIENTO
LÓGICO

Problemas Verbales y Pensamiento Lógico

Con frecuencia los padres nos preguntan sobre la mejor forma de ayudar a sus hijos con los problemas verbales y la lógica que se estudian en la escuela. Este capítulo contiene una serie de actividades que envuelven el pensamiento lógico e incluye ideas útiles para ayudar a los niños a ampliar su repertorio de métodos de ataque para los problemas verbales.

Problemas Verbales

Si los problemas verbales han sido causantes de halones de pelo y derramamiento de lágrimas en tu hogar, debes intentar nuevas técnicas de ataque a lo mismos, tales como la utilización de objetos manipulables y dibujos, el desglose del problema en partes más sencillas, el adivinar una posible contestación o el reducir los números dados a números más pequeños.

Te sorprenderás del poder que tienen las técnicas mencionadas sobre problemas realmente difíciles. Si su método no parece trabajar adecuadamente, prueba otro. La práctica es muy efectiva. Los ejemplos que aquí presentamos te darán ideas sobre cómo aplicar las estrategias a muchos otros problemas.

Utiliza los materiales manipulables para representar las partes de un problema

Cierto día Jorge corría hacia su casa, tan rápido como podía, llevando 10 nueces en un bolsillo del pantalón. Mientras corría perdió dos de las nueces pero más adelante encontró tres nueces adicionales y las colocó en el mismo bolsillo junto a las otras. Perdió luego cuatro nueces adicionales pero encontró otra. ¿Cuántas nueces tenía al llegar a su casa?

Este que es un problema difícil para los niños jóvenes, se convierte en uno sencillo si les facilitamos a los niños algunos frijoles o bloques (o almendras). Primero coloca sobre alguna superficie las primeras 10 nueces del problema. Luego lee la frase "perdió dos de las nueces" y pregunta al niño, "¿Añadimos o quitamos?". Es muy probable que el niño indique que es necesario quitar frijoles o bloques. Lo próxima frase del problema indica que "encontró tres nueces adicionales", lo cual significa claramente que debemos añadir tres frijoles o bloques. Continúa de esta manera, paso a paso, hasta que el problema quede concluído.

Haz un dibujo de la situación. ¡Esta técnica es una verdadera carta de triunfo!

Alicia tenía 4 tazas de té más que el conejo. Juntos tenían un total de 10 tazas. ¿Cuántas tazas tenía cada uno?

He aquí la tetera del conejo, pero no conocemos el número de tazas.

Aquí aparece la tetera de Alicia con cuatro tazas extras.

Las tazas de Alicia y las del conejo juntas hacen un total de 10.

Si separamos las cuatro tazas extras de Alicia: El resto se divide en dos partes iguales:

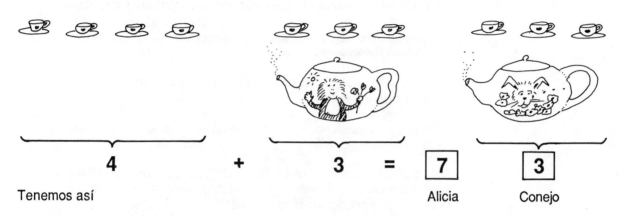

4	+	3	=	**7**	**3**

Tenemos así   Alicia   Conejo

A medida que haces dibujos con los niños, los mismos se convertirán en meros diagramas que sirven para acortar el tiempo necesario para la resolución de los problemas. ¡Debes disfrutar de hacer los dibujos!

Desglosa el problema en partes más pequeñas. Lee la primera oración del problema; detente y piensa en su significado. Quizá hasta debas hacer los cálculos indicados. Luego lee la próxima oración y detente nuevamente. Continúa hasta que hayas completado la lectura del problema, considerando cuidadosamente cada una de las partes. Con frecuencia, este procedimiento es suficiente para aclarar lo que necesita hacerse para resolver el problema.

Miguel es 1/2 más viejo que Sara.
Sus edades suman 12. ¿Cuál es la edad de cada uno?

•Luego de completar la lectura de la primera oración podrás apreciar que Sara es la persona de mayor edad, en efecto, Sara tiene el doble de la edad de Miguel. Si Miguel tuviese un año, Sara tendría dos.

•Al leer la segunda oración debes comenzar a pensar en edades mayores ya que si Miguel tiene un año y Sara dos, entonces la suma de sus edades sería sólo tres.

•En este punto ya se hace claro un **procedimiento** para completar la solución del problema y el resto del trabajo es fácil.

Adivina una posible contestación y combínala con la información del problema para determinar si la misma tiene sentido.

Si tu cantidad adivinada no funciona, adivina nuevamente a ver si tienes más suerte.

•Examina el problema anterior. Ya hemos adivinado la posible contestación de uno y dos años para las edades de Miguel y Sara respectivamente. En este caso la suma es de sólo tres años. ¿Qué tal de tres y seis años? Todavía las edades no son suficientemente grandes ya que sólo suman nueve. ¡Bueno!, cuatro y ocho suman doce y cuatro es la mitad de ocho. ¡Miguel tiene cuatro años y Sara ocho!

Cambia los números en el problema a números realmente pequeños tales como dos, tres y cinco. Los números pequeños son más fáciles de entender que las fracciones o los números grandes.

Linda tiene 695 lápices más que Mateo. Juntos tienen 4,735 lápices. ¿Cuántos lápices tiene cada uno?

Si cambias los números dados por números más pequeños el problema podría leer:

Linda tiene 4 lápices más que Mateo. Juntos tienen 10 lápices. ¿Cuántos lápices tiene cada uno?

Este problema no es difícil de resolver. Utilizando un encasillado para representar el número desconocido podemos ver que la ecuación o el enunciado númerico es:

$$\square \quad \text{mas} \quad \square + 4 = 10 \quad \text{ó} \quad \square + (\square + 4) = 10$$

Lápices	Lápices	$\square + \square + 4 = 10$
de Mateo	de Linda	$\square + \square = 10 - 4$
		$\square + \square = 6$
		$\square = 3$

Para verificar la respuesta debes utilizar 10 lápices verdaderos o hacer un dibujo.

Colocando los números mayores en el enunciado tenemos:

$$\square + (\square + 695) = 4,725$$

Un poco de artimética con la ayuda de la calculadora nos indica que el número 2,015 corresponde a cada uno de los encasillados, significando esto que Mateo tiene 2,015 lápices y que Linda tiene 2,710.

Esperamos que tu familia disfrute de la aplicación de estas técnicas o de otras técnicas inventadas por la misma familia. ¡Una de las estrategias más efectivas que conocemos consiste en dejar que el problema se asiente en nuestra mente por uno o dos días consultándolo con la almohada! Este último punto constituye un aspecto paradójico de la amonestación de que debemos perseverar en nuestro intento por resolver un problema, ya que a veces, dando uno o dos pasos atrás, podemos percatarnos de la existencia de otros caminos que llevan a la resolución del mismo. Si trabajamos un largo rato en un problema sin llegar a ningún sitio, lo más probable es que estemos encaminándonos una y otra vez en la misma dirección equivocada. En la lista de recursos que aparece en la página 311 aparecen varios libros que contienen problemas estupendos que podrías intentar resolver. Recuerda que es menester contar con suficiente tiempo, probar diferentes técnicas y disfrutar el reto.

Razonamiento Lógico

Una extensión natural de los problemas verbales la encontramos en lo que los matemáticos llaman razonamiento lógico.

Juan y María habían traído diez cubos de agua del pozo y estaban listos para ir a buscar otro. María dijo a Juan, "No es lógico que busquemos otro cubo de agua ya que el tanque donde estamos acumulando el agua está casi lleno y no aguanta otro cubo." Juan contestó a María, "Desde luego que no es lógico. ¡Gracias por habernos ahorrado un viaje al pozo!"

Pedro y Ana estaban colocando provisiones en la alacena. Primero colocaron todos los alimentos enlatados. Luego colocaron las bolsas de azúcar moreno y azúcar blanco en una misma tablilla. Cuando Ana comenzó a colocar la bolsa de harina junto a los alimentos enlatados, Juan le señaló que era más lógico colocarla junto a las bolsas de azúcar.

El pensamiento lógico no es sino que buscarle el buen sentido a las cosas, usualmente en forma organizada. Incluye el clasificar las cosas a base de ciertas características (como por ejemplo, si las mismas están contenidas en bolsa o latas) o el pensar anticipadamente sobre los posibles resultados de alguna acción (como la de ir a buscar un cubo adicional de agua).

La mayor parte de las matemáticas, incluyendo el razonamiento lógico, no se puede aprender escuchando una buena conferencia. El razonamiento lógico requiere la experimentación individual con el mundo exterior. Los niños aclaran y refuerzan su habilidad para razonar cuando hablan sobre las estrategias a seguir en alguna acción. El hogar es un sitio ideal donde los jóvenes pueden practicar a explicar como ellos **piensan** que piensan. En la escuela los maestros no disponen de tiempo para escuchar extensamente cómo cada niño resuelve algún dilema lógico. En efecto, si los maestros no hicieran otra cosa que escuchar a los niños, solo podrían invertir diez minutos diarios con cada niño.

¿Porqué es esta verbalización tan importante? Con frecuencia un niño puede resolver un problema sencillo pero se encuentra totalmente perdido ante un problema similar con números más complicados (como 4 3/8 en lugar de 2). Se debe estimular al niño a que hable sobre cómo logró resolver el problema sencillo para que así pueda utilizar el mismo procedimiento en el problema más difícil. Hablando un niño gana consciencia de una estrategia.

Esta toma de consciencia trae consigo dos beneficios. Primeramente, la estrategia se hace transferible, es decir, se puede utilizar en otras situaciones (con estímulo y práctica, desde luego). En segundo lugar, y revistiendo quizás más importancia, debemos señalar que el niño aprende que al momento de encarar un dilema intelectual, él puede explorar varias estrategias; algo se puede hacer. No es necesario esperar que aparezca una solución milagrosamente. El mundo abstracto y concreto que nos rodea admite que juguemos con él y tiremos de él, lo viremos al revés, lo exploremos y lo entendamos.

¿Y qué hacemos con el niño que no tiene una mente lógica? Uno de los prejuicios más penetrantes y destructivos sobre la matemática es el que sostiene la creencia de que muchos niños simplemente son incapaces de aprender matemática. No todo el mundo es capaz de inventar el Cálculo o de crear un modelo matemático que explique el movimiento de los asteroides en el espacio, pero casi todo el mundo es capaz de aprender y disfrutar la matemática pre-universitaria. Debemos cuidar de no engañarnos nosotros mismos ni a nuestros hijos al evitar que estos desarrollen las destrezas del razonamiento lógico por pensar que ello resultaría difícil o imposible.

En la matemática tenemos tanto la lógica informal como la formal. La lógica formal de los matemáticos incluye palabras sencillas pero que a veces resultan capciosas. Utilizando el ejemplo anterior de las latas y las bolsas vemos que la harina **está** en la categoría de las bolsas pero **no está** en la categoría de las latas. Un racimo de plátanos **no está** en la categoría de las bolsas **o** en la categoría de las latas. Los estudiantes necesitan mucha práctica utilizando estas palabras cuidadosamente para poderse preparar así para el estudio de la matemática avanzada y la lógica.

Los diagramas de Venn son muy útiles para aprender a clasificar objetos por categorías. Mientras trabajes con los diagramas de Venn del presente capítulo presta especial atención a las categorías que son la negación de otras categorías. Estas son como la resta y la división; resultan más difíciles de utilizar que la suma y la multiplicación.

Adivinar, estimar y predecir constituyen otra parte vital del razonamiento lógico. En la actividad Lógica del Arco Iris, los niños recaban información de un líder. Basándose en la información obtenida y luego de haber reflexionado un tanto sobre el asunto, los niños deben ser capaces de formular la próxima pregunta adivinando de una manera juiciosa. El poder prevenir o anticipar un próximo paso o el preveer el resultado de una acción, constituyen destrezas de suma importancia en todas las áreas de la matemática así como del diario vivir.

Muchas de las actividades aquí presentadas son juegos o rompecabezas que no utilizan números. Muchos de los juegos se pueden jugar repetidamente y a medida que estos se repiten, el jugador gana un entendimiento más profundo de las estrategias envueltas. Discutir los juegos luego de la conclusión de los mismos es de suma importancia para poder desarrollar las destrezas envueltas en el reconocimiento de estrategias de juego. Sin embargo, las discusiones abundantes y prematuras echan a perder la gracia del juego. Se les debe dar bastante tiempo a los niños para que éstos puedan explorar lo suficiente como para desarrollar su sentido intuitivo del reconocimiento de estrategias. Sólo luego de mucha exploración resulta una buena idea comenzar a hacer preguntas como: ¿Qué ocurriría si me moviera a esta posición?ó ¿Quién ganará desde esta posición? ó ¿Cuál sería una buena estrategia para mi en este momento?

Cuando hayas completado las actividades de este capítulo, revisa otros juegos guardados en el seno del hogar tales como dominó o damas. Juega los mismos y determina si la lógica o las estrategias envueltas en los mismos se hacen más evidentes a medida que hablas con tu hijo sobre los juegos. Desde luego, hay algunos juegos que sólo dependen del azar, pero la mayoría de ellos son perfectamente lógicos.

Esperamos que tu familia y tú se conviertan en coleccionistas de buenos juegos de lógica y buenos problemas que envuelven razonamiento lógico.

ADIVINADAS

Ordenando y Clasificando

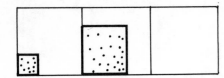

Nivel

Materiales

Botones

Tapas

Chapas

Etiquetas plásticas de bolsas de
   pan

Semillas

Otros objetos para clasificar

Porqué

Para desarollar la habilidad para detectar semejanzas y diferencias y
practicar el uso del lenguaje para expresar la relación entre las
ideas abstractas y el mundo exterior.

Cómo

• Ofrece a tus niños alguna colección de objetos para clasificar
  como por ejemplo, botones.

• Luego de que se hayan clasificado los botones, pide a los niños
  que expliquen las reglas que utilizaron para la clasificación.
  Añade botones para clasificarlos utilizando las mismas reglas.

• Los niños podrian clasificar los botones por sus colores (rojo, azul,
  etc.), sus formas (cuadrados, redondos, etc), sus tamaños
  (grandes, medianos, pequeños), el número de agujeros (uno, dos,
  etc.), etc.

• Discute con los niños otras posibles formas de clasificar de
  acuerdo a si son o no dorados, de acuerdo al material utilizado en
  la fabricación, etc.

• Si los niños no escogen por su propia iniciativa una regla de
  clasificación utilizando el concepto de " negación ", entonces tu
  podrías sugerir algunos ejemplos de este tipo. Por ejemplo
  podrías decir : ¿ Son estos botones verdes?, ¿ Qué podemos decir
  de estos otros ?, estos no son verdes, etc.... Luego pregunta a los
  niños por otras reglas que utilizan la negación de algún criterio.

Ideas Adicionales

• Construye formas circulares utilizando pedazos de cuerda.
  Clasifica los objetos en las formas circulares como preparación
  para la actividad sobre los diagramas de Venn en la próxima
  página. Utiliza dos círculos o quizá un sólo círculo con una regla
  que indica lo que se coloca dentro del círculo y lo que no se coloca
  dentro del círculo.

Diagramas de Venn

Porqué
Para desarollar una forma lógica de clasificar.

Cómo

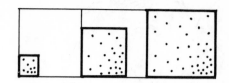

>> *Los diagramas de Venn se dibujan usualmente utilizando círculos y se marcan de modo que quede claro qué pertenece a los círculos individuales.* <<

Materiales

Hojas grandes de papel

Pluma o lápiz

• Esta actividad requiere que se preparen diagramas de Venn donde nuestros amigos y amigas puedan estampar sus iniciales o firmas. La actividad se puede realizar durante un período de clase, o en el hogar durante un período más largo de tiempo.

• Las siguientes ilustraciones muestran varios tipos de diagramas de Venn y algunas de las aseveraciones que se podrían utilizar.

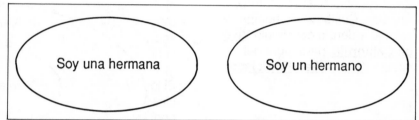

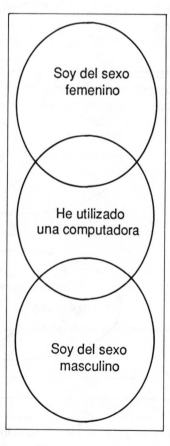

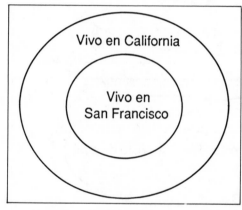

- Cada persona debe preparar un diagrama de Venn en un pedazo grande de papel. Se deben escoger varias características que tienen algunos de los amigos de la persona pero que otros no tienen.

- Los amigos o amigas deberán firmar o inicializar los círculos que contienen enunciados ciertos para ellos o ellas. Si ningún enuciando es cierto para un nombre dado, la firma o inicial se deberá colocar fuera de todos los círculos.

- Cuando haya círculos con áreas comunes se deberá poner especial cuidado en colocar las firmas correctamente en las secciones apropiadas en los diagramas.

- **Algunos Ejemplos:**

En el ejemplo A, si vives en Los Angeles, California, tu nombre se colocaría dentro del círculo **Vivo en California** pero fuera del círculo **Vivo en San Francisco**.

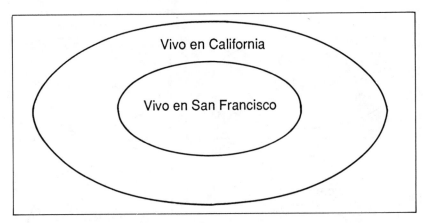

En el ejemplo B, si vistes de rojo y azul, tu nombre se colocaría en **ambos** círculos, es decir en el área central sombreada en el diagrama.

Si vistes de rojo pero no de azul, tu nombre se colocaría en el area del diagrama dentro del círculo **Estoy vistiendo de rojo** pero fuera del círculo **Estoy vistiendo de azul**; ver el área sombreada.

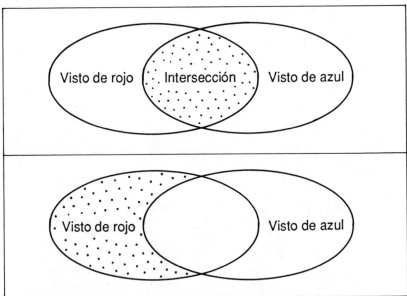

>> *Los diagramas toman su nombre del matemático inglés John Venn, quien vivió hasta el 1923 y popularizó estos diagramas. Este tipo de lógica es de mucha importancia en las ciencias y la matemática avanzada y se puede utilizar en el diseño de circuitos electrónicos para computadoras.* <<

Nim de dos Dimensiones

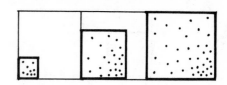

Porqué
Para practicar el razonamiento espacial y el pensamiento lógico.

Cómo
- Utilizando el cuadriculado rectangular 3x6 que aparece más adelante.

- Los jugadores se turnan para poner "marcadores" en uno o mas de los cuadrados.

- Si se cubren dos cuadrados, éstos deben tener un lado en común.

Nivel

Materiales
Papel de graficar

(Ver páginas 79-82.)

Dos tipos de marcadores

(frijoles, chapas, etc.)

Un juego de Nim
para dos jugadores

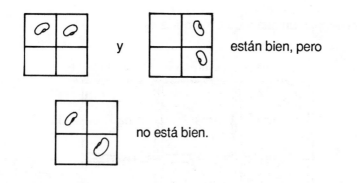

- Ningún jugador puede omitir su turno.

- El jugador que llena el último cuadrado (o los últimos dos) es el ganador.

Ideas Adicionales
- Jugar en un cuadriculado mayor.

- Permitir que se cubran uno, dos o tres cuadrados en cada jugada, siempre y cuando cualesquiera dos cuadrados adyacentes tengan un lado en común.

- Cambiar las reglas de suerte que el perdedor sea la persona que cubre el último cuadrado. (¡No se pueden omitir turnos!).

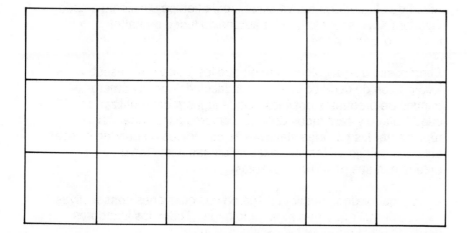

Lógica del Arco Iris

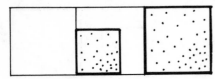

Nivel

Materiales

Cuadrados de papel coloreados para cada jugador. (Cuatro cuadrados de cada cuatro colores)

Cuadriculados 3x3 y 4x4

Un juego para
dos o más jugadores

Patrones como

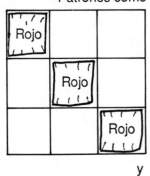

y

estos no están permitidos

Porqué
Para practicar el pensamiento deductivo y el razonamiento espacial.

Cómo
*   Uno de los padres debe dirigir el primer juego.

*   Luego del primer juego cualquier jugador podrá dirigir.

*   El jugador que dirige colorea secretamente un cuadriculado 3x3 utilizando tres cuadrados de cada color.

*   Dos cuadrados de un mismo color que se tocan deberán tener todo un lado en común.
    Por ejemplo, un cuadriculado podría ser:

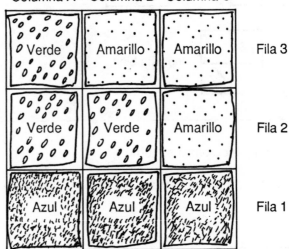

*   Las claves se dan de la siguiente manera:

    *   Los jugadores preguntan por los colores de alguna fila o alguna columna.

    *   El dirigente del juego indica los colores, aunque no necesariamente en orden.

*   Antes de ofrecer una nueva clave, se da tiempo suficiente a cada jugador para discutir lo que ha aprendido luego de haber terminado su turno.

*   El propósito del juego consiste en que los jugadores descubran la localización de cada color en el cuadriculado con el número mínimo de preguntas posibles. Cada jugador debe utilizar un cuadriculado y cuadrados de varios colores para poder así representar las posibles claves. Los cuadrados se pueden colocar al lado o debajo de las filas o las columnas hasta tanto se determinen sus posiciones exactas.

*   Cada jugador debe dirigir el juego en dos ocasiones consecutivas y luego permitir que otro jugador lo haga. Todos los jugadores deben tener la oportunidad de dirigir el juego.

- Cuando todos estén familiarizados con el juego (o en el caso de estudiantes mayores), se puede jugar el mismo con un cuadriculado 4x4 utilizando las mismas reglas.

Ideas Adicionales

- Antes de comenzar el juego, o al terminar el mismo, se podría tener una discusión sobre los posibles arreglos de los tres colores en el cuadriculado. Ver *Actividades con Pentóminos* (página 188) para una discusión adicional.

- Para estudiantes más jóvenes se podría utilizar un cuadriculado 2x2 y describir los colores en orden, de suerte se coloquen inmediatamente sobre el cuadriculado.

Columna A	Columna B	Columna C	Columna D	
				Fila 4
				Fila 3
				Fila 2
				Fila 1

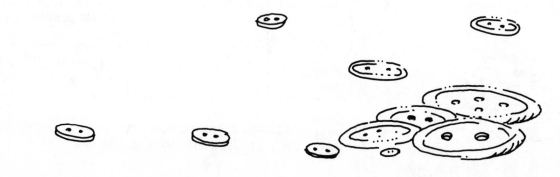

Pico, Fermi, Dona

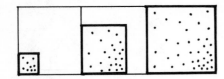

Nivel

Materiales

Lápiz

Papel

Porqué

Para practicar las deducciones lógicas mediante el proceso de eliminación y para reforzar el concepto de valor relativo.

Cómo

• El propósito del juego consiste en adivinar los dígitos secretos del director del juego.

• Los dígitos del número secreto deben ser **diferentes.** Por ejemplo 121, 442 y 777 no se permiten como números secretos.

• El director responde a las preguntas del siguiente modo:

Dona   Si ninguno de los dígitos es correcto.

Pico   Por cada dígito correcto que aparece en la posición incorrecta.

Fermi   Por cada dígito que aparece en la posición correcta.

• El siguiente ejemplo muestra como se ofrecen las claves. *(El número secreto es el 427.)*

Número Adivinado	Respuesta del Director	Comentarios
109	Dona	1, 0 y 9 se eliminan como posibilidades en todas las posiciones.
123	Fermi	Hay un dígito correcto y en la posición correcta.
145	Pico	Hay un dígito correcto en la posición incorrecta.
265	Pico	Ver comentario anterior.
353	Dona	3 y 5 se eliminan de todos los lugares.
426	Fermi, Fermi	Hay dos dígitos correctos en las posiciones correctas.
427	Fermi, Fermi, Fermi	¡ Todos los dígitos son correctos !

• Los participantes deben mantener una lista de los números adivinados y las respuestas correspondientes

- Si diriges el juego, escribe los números en un pedazo de papel para referirte a ellos cuando presentes las claves.

Ideas Adicionales
- Permite la repetición de dígitos.

- Juega con más de tres dígitos.

- Juega con letras que forman palabras de tres, cuatro o cinco letras.

Pico *es un prefijo métrico que significa un* **trillón** *o* 10^{-12}

Fermi *es el apellido de un famoso físico nuclear italiano.*

Dona *es una masa de harina en forma de anillo.*

Arreglo de Diez Cartas

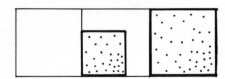

Nivel

Materiales

Tarjetas 3" x 5"

Plumas

Porqué

Para utilizar una serie numérica compleja pero lógica para resolver un problema.

Cómo

• Reparte a cada par de personas (usualmente un padre y un niño) un grupo de diez tarjetas.

• Escribe los números del 1 al 10 sobre las tarjetas.

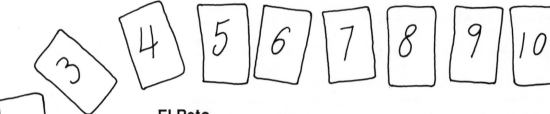

El Reto

• Ordena las tarjetas de manera que cuando las colocas con los números hacia abajo y volteas cada tarjeta desde arriba, una a una, lo siguiente ocurre:

  • La primera tarjeta volteada en un 1. Coloca esta tarjeta al lado del paquete original para comenzar a formar otro paquete.

  • La segunda tarjeta de arriba se coloca en el fondo del paquete original sin voltearse.

  • La tercera tarjeta se voltea con el número hacia arriba, se coloca en el nuevo paquete y debe ser un 2.

  • La cuarta tarjeta se mueve al fondo del paquete original sin voltearse.

  • La quinta tarjeta se voltea con el número hacia arriba y se coloca sobre el nuevo paquete. El número observado es un 3.

  • La sexta tarjeta se mueve al fondo del paquete original sin voltearse.

  • La séptima tarjeta se voltea con el número hacia arriba y se coloca sobre el nuevo paquete. El número observado es un 4.

  • La octava tarjeta... Y así sucesivamente hasta que todas las cartas se hayan volteado y el nuevo paquete tenga los números en el orden inverso, con el 10 en la parte de arriba del paquete y el 1 en el fondo.

>> Algunas posibles estrategias de solución se muestran al final de este capítulo, en la página 71. No debes hojear esta página hasta que hayas trabajado en el problema por lo menos 30 minutos. Prueba varias estrategias antes de mirar. <<

Recaudador de Impuestos

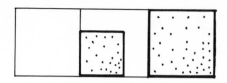

Porqué

Para practicar a reconocer y resolver problemas que envuelven factores de la multiplicación.

El Problema

• ¡ Ya pronto la familia conocerá al recaudador de impuestos! Desde luego, tu aspiración en este juego es la de terminar el mismo con más dinero que el que has pagado al recaudador de impuestos.

• El recaudador recauda su dinero cada vez que el contribuyente recibe algún cheque de pago. El pago se realiza en la forma de uno de los **factores** del cheque.

>>*Cuando dos números se multiplican el resultado obtenido se conoce como **producto** y los números multiplicados son los **factores**. Como los problemas de la multiplicación cuyo resultado es 16 son 1x16, 2x8 y 4x4, vemos que 1, 2, 4, 8 y 16 son los factores de 16.*

>> *Un número **primo** tiene sólo dos factores, a saber, 1 y el propio número.*

>> *Es recomendable repasar los factores de los números del juego antes de jugar por primera vez. (Ver la lista que aparece en la página 45.) <<*

Cómo

• Practica un primer juego utilizando sólo los números del 1 al 12.

• Coloca los 12 cheques de pago a lo largo del borde superior del Tablero del Recaudador de Impuestos.

• Escoge uno de los cheques para el contribuyente y colócalo en la parte correspondiente del tablero.

• Indica al recaudador de impuestos todos los factores correspondientes al número en el cheque.

• El recaudador podrá entonces tomar para sí todos los cheques aún disponibles que correspondan a los factores mencionados.

• Cuando ya se ha utilizado un número, el mismo no se podrá volver a utilizar hasta el próximo juego.

• Como 1 es un factor de todo número, al recaudador de impuestos le corresponderá el 1 entre los factores del primer cheque que se escoja.

• Continúa escogiendo cheques y pagando al recaudador hasta tanto no queden cheques con factores disponibles.

• Si no quedan factores disponibles para un cheque en particular, el mismo corresponde al recaudador de impuestos.

• Cuando no queden cheques con factores disponibles, los cheques restantes corresponden al recaudador.

Materiales

Cuadrados para los cheques de pago numerados del 1 al 24

Tablero del Recaudador de Impuestos (Ver página 69)

Papel

Lápiz

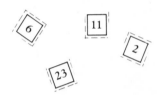

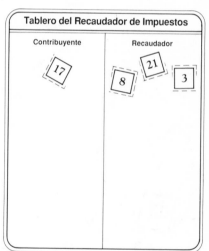

- Determina los totales acumulados por el contribuyente y el recaudador. ¿Quién tiene más?

- He aquí un ejemplo:

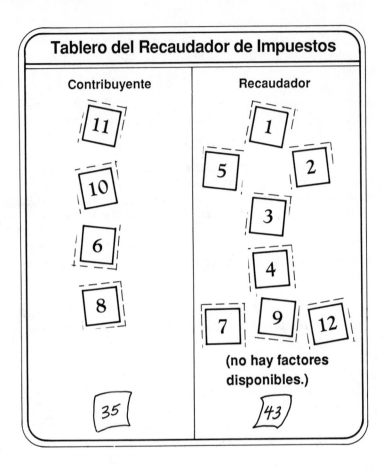

¡El recaudador de impuestos ganó el juego!

- Ya que sabes como jugar, intenta el juego con los 24 cheques. Asegúrate de trabajar en grupo y de discutir las ventajas de escoger algunos cheques en lugar de otros. Planifica a largo plazo e intenta siempre mejorar tus totales.

Ideas Adicionales
- Para beneficio de aquellos estudiantes que comienzan a aprender las propiedades de la multiplicación, procura jugar varios juegos utilizando los 12 cheques iniciales.

- Para tener un juego más difícil incluye mas cheques, quizá hasta 31 o 50.

Tablero del Recaudador de Impuestos

Contribuyente	Recaudador

Números de los Cheques

1	2	3	4	5	6	7	8
9	10	11	12	13	14	15	16
17	18	19	20	21	22	23	24

Acumulando Veinte

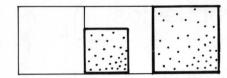

Nivel

Materiales

5 dados para cada par de
   jugadores o una aguja
   giratoria
   (Ver la página 154.)
Papel para hacer cálculos

Un juego para
dos jugadores

Porqué

• Para entender mejor las ideas de la probabilidad y practicar planificando estrategias, sumando y hallando promedios

Cómo

• En cada juego se tiran cinco dados intentando obtener una suma tan cercana a 20 como sea posible, pero sin ser mayor.

  • Si un jugador obtiene una suma mayor que 20, el mismo no acumula ningún punto.

  • Los jugadores aspiran a obtener la puntuación más alta posible en un total de 10 juegos.

• Cada juego consiste de 4 etapas.

  • Cada jugador deberá completar las cuatro etapas antes de pasar los dados a otro jugador.

  • En la primera etapa de un juego se lanzan los cinco dados. Por ejemplo:

• El jugador puede acumular desde ninguno hasta un máximo de 5 dados al calcular sus puntos.

• Todos los dados que no se hayan acumulado en el primer turno se deberán tirar en el segundo turno. De éstos el jugador de turno podrá acumular desde ninguno hasta el total de los dados lanzados en esa etapa.

• Se continúa de esta manera hasta que se haya completado un máximo de cuatro etapas.

• En la cuarta etapa los puntos obtenidos se tienen que utilizar para calcular el total de puntos.

• **Nota:** Todo dado utilizado para acumular puntos no se podrá tirar nuevamente durante el juego en curso.

• He aquí un ejemplo:

ETAPA	RESULTADO	DADOS ACUMULADOS	TOTAL
1	⚃ ⚃ ⚀ ⚃ ⚀	⚃ ⚄ ⚃	12
2	⚀ ⚄	NINGUNO	0
3	⚅ ⚄	⚃	5
4	⚀	⚀	1

TOTAL 18

• Luego de que cada jugador haya completado un juego, se anotan los puntos obtenidos. Luego de diez juegos se calculan los promedios de los puntos por juego. El jugador con el promedio más alto gana el juego.

Arreglo de Diez Cartas-Estrategias para la Solución

(Ver la página 66 para las instrucciones)

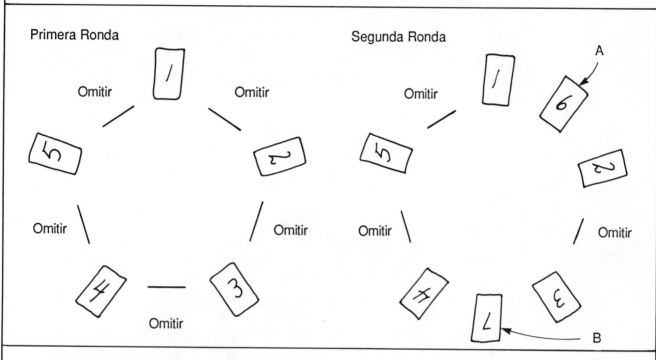

Primera Ronda   **Segunda Ronda**

* Arregla las cartas en un círculo con 10 espacios.
* Salta un espacio en cada paso.
* Continúa colocando las cartas en cada otro espacio hasta tanto hayas completado el círculo.

O

Fila

A	1	__	2	__	3	__	4	__	5	__

B	X	6	X	__	X	7	X	__	X	8

C	X	X	X	__	X	X	X	9	X	X

D	X	X	X	10	X	X	X	X	X	X

Final

1	6	2	10	5	7	4	9	5	8

* Coloca las cartas en una fila saltando cada otro espacio.
* Luego de la quinta carta, regresa y llena los espacios en blanco.
* Continúa hasta que todos los espacios se llenen.

Capítulo IV

MEDICIÓN

Medición

La habilidad para utilizar los instrumentos de medidas constituye una de las destrezas matemáticas de más necesidad en nuestra vida cotidiana y nuestros trabajos. La mejor forma de desarrollar tales destrezas es mediante la experiencia que se gana manejando objetos y situaciones concretas.

Nuestros niños aprenden a tomar medidas de longitud, área, volumen, capacidad, peso y temperatura en la escuela elemental. La tabla que aparece en la página 78 contiene un resumen de los diferentes tipos de medidas y las unidades correspondientes utilizadas para medir. Más adelante, en la escuela superior y en disciplinas como el Algebra y la Física, los estudiantes aprenden acerca medidas de otras cantidades como velocidad, aceleración, potencia y energía.

Los niños jóvenes necesitan repetir muchas veces las primeras actividades sobre medidas para que puedan así adquirir un mejor entendimiento de los conceptos envueltos. Por ejemplo, los niños de cuatro y cinco años aceptan que las plumas en el primer dibujo tienen el mismo largo, pero si movemos una de las plumas hasta formar un ángulo recto como se indica, con frecuencia estos mismos niños sostienen que una de las plumas es más larga que la otra.

Materiales

Palillos de dientes- una caja

Presillas- una caja

Frijoles- una bolsa

Cordón- una bola

Papel de máquina calculadora -
    un rollo

Cinta adhesiva de papel -
    un rollo

Papel para dibujar

Tejas cuadradas pequeñas o
    cuadrados de papel de 1
    pulgada- 50 a 100

Papel de gráfica -
    (Ver página 79-82)

Tijeras

Plumas para colorear o crayolas

Regla de pulgadas con marcas
    hasta 1/16 de pulgada

Regla dividida en centímetros

Taza de medir

Envases para líquidos de
    diferentes tamaños

Tapas variadas

Cajas pequeñas

Cubitos de azúcar o bloques
    pequeños

Balanza

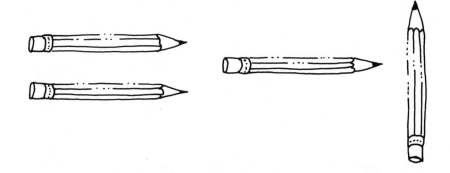

Si colocamos las plumas en la posición original, estos mismos niños dirían que las plumas tienen la misma longitud nuevamente. Por el contrario, un niño mayor probablemente pensaría que estás loco cuando sugieres que las plumas podrían cambiar de longitud sólo por haberlas movido de sitio. El, a diferencia del niño más joven, ya ha desarrollado el concepto de la conservación de la longitud. Si presionamos a un niño joven que aún no conoce el principio de la coservación, quizás podamos conseguir que diga que dos objetos tienen la misma longitud sólo para estar de acuerdo con nosotros, aunque ello no significa que el niño entiende la noción de longitud.

Los niños necesitan exponerse a experiencias que les ayuden a desarrollar la idea de la conservación en otros tipos de medición.

La **Conservación del Area** supone la idea de que un número específico de unidades cuadradas, digamos 20, representa la misma área, ya estando configuradas como un rectángulo cuatro por cinco o dispersas sobre un papel.

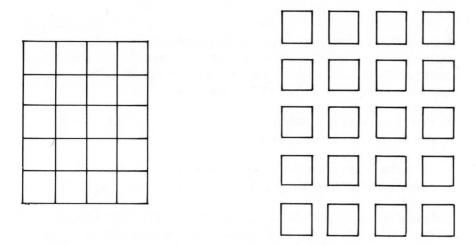

La **Conservación del Volumen** nos permite entender porqué al vertir agua de un vaso alto a una cacerola llana, tenemos al final la misma cantidad de agua. También nos permite entender porqué una estructura alta compuesta de doce bloques tiene el mismo volumen que una estructura baja compuesta de los mismos doce bloques.

La **Conservación del Peso** nos permite entender porqué una bola de barro mantiene su peso aún luego de haber sido moldeada en forma de una torta o un pedazo de soga.

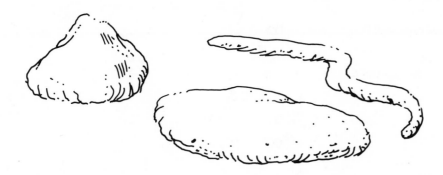

Antes de proseguir con actividades más avanzadas, los niños necesitan muchas experiencias en la medición, algunas de las cuales se pueden encontrar en este capítulo. No importa lo que les digamos o cuánto los apresuremos, los niños sólo entenderán la idea de la conservación de las medidas luego de haber participado de muchas experiencias.

Esta sección consiste de una serie de experiencias para cada tema de medición, con un reducido número de las actividades detalladas completamente. La serie para cada tema sigue el orden natural en que los niños aprenden sobre la medición:

- Primero se hacen comparaciones de dos objetos; ¿cuál es más grande?, ¿cuál es más pesado?

- Luego se ordenan los objetos por tamaño; por ejemplo del que pueda contener más al que puede contener menos.

- Luego se utilizan para medir objetos comunes tales como palillos de dientes, obteniendo así medidas con unidades inusuales.

- Finalmente, se mide utilizando unidades comunes, tanto del sistema inglés como del métrico.

Si bien es cierto que los niños deben familiarizarse con ambos sistemas de medidas, no es sin embargo necesario el que puedan efectuar conversiones exactas de un sistema a otro. Las conversiones no revisten importancia significativa hasta tanto se llega al curso de física de la escuela superior o a otros cursos posteriores. Un sentido general de la magnitud de las unidades métricas y una habilidad para hacer estimados utilizando tales unidades es todo lo que importa en este momento.

A continuación presentamos un resumen de los prefijos métricos y algunas comparaciones aproximadas entre las unidades métricas y las inglesas.

Información del Sistema Métrico

Fundamentado en la base 10

Los prefijos indican qué fracción o multiplo de la unidad se está utilizando.

kilo	1000x
hecta	100x
deca	10x
deci	.1 (1/10 de)
centi	.01 (1/100 de)
mili	.001 (1/1000 de)

Ejemplo:

Un milímetro es 1/1000 de un metro. Es decir, hay 1000 milímetros en un metro. ¿Cuántos centímetros hay en un metro?

Unidades Métricas Básicas:

longitud	metro
área	metro cuadrado
volumen/capacidad	metro cúbico/litro (hay 1000 centímetros cúbicos en un litro.)
masa/peso	gramo
temperatura	° (grados) Celsio

Es posible que desees recordar los siguientes datos:

1 litro es un poco más que un cuartillo.

1 metro es un poco más que una yarda.

1 kilogramo es un poco más que dos libras.

100°C es la temperatura de ebullición del agua.

37°C es la temperatura del cuerpo humano.

30°C es un día caluroso.

20°C es la temperatura ambiente

0°C es la temperatura de congelación del agua.

Una última advertencia antes de que comienzes a trabajar con las actividades de medición. ¡Siempre estima primero! Te sorprenderás de la rapidez con que mejoran las destrezas de estimación de toda la familia a medida que se practica. Recuerda que no hay ningúna urgencia de realizar todas y cada una de las actividades, especialmente si se trata de niños jóvenes . Se necesita mucha repetición en cada etapa del camino.

Unidades de Medida

		Estándar o Inglés	**Métrico**
Longitud	¿Cuál es el largo? ¿Cuál es el ancho? ¿Cuál es la circunferencia?	pulgadas ("), (in.) pies ('), (ft.) yardas (yd.) millas (mi.)	milímetros (mm) centímetros (cm) metros (m) kilómetros (km)
Area	¿Cuánto cubre? ¿Cuánto toma para cubrirlo?	pies cuadrados (ft.^{2}) acres	metros cuadrados (m^2) hectáreas (ha)
Capacidad y Volumen	¿Cuánto espacio llena? ¿Cuánto puede contener?	pies cúbicos (ft.^{3}) pulgadas cúbicas (in.^{3}) cuartillos (qt.) galones (gal.) búshel (bu.)	metros cúbicos (m^3) centímetros cúbicos (cm^3) litros (l)
Peso y Masa	¿Cuánto pesa?	onzas (oz.) libras (lb.)	gramos (gm) kilogramos (km)
Temperatura	¿Cuán caliente está? ¿Cuán frío está?	grados Fahrenheit (°F)	grados Celsio (°C)

Papel Cuadriculado de 1 Pulgada

Papel Cuadriculado de 2 Centímetros

Papel Cuadriculado de 1/2 Pulgada

Papel Cuadriculado de 1 Centímetro

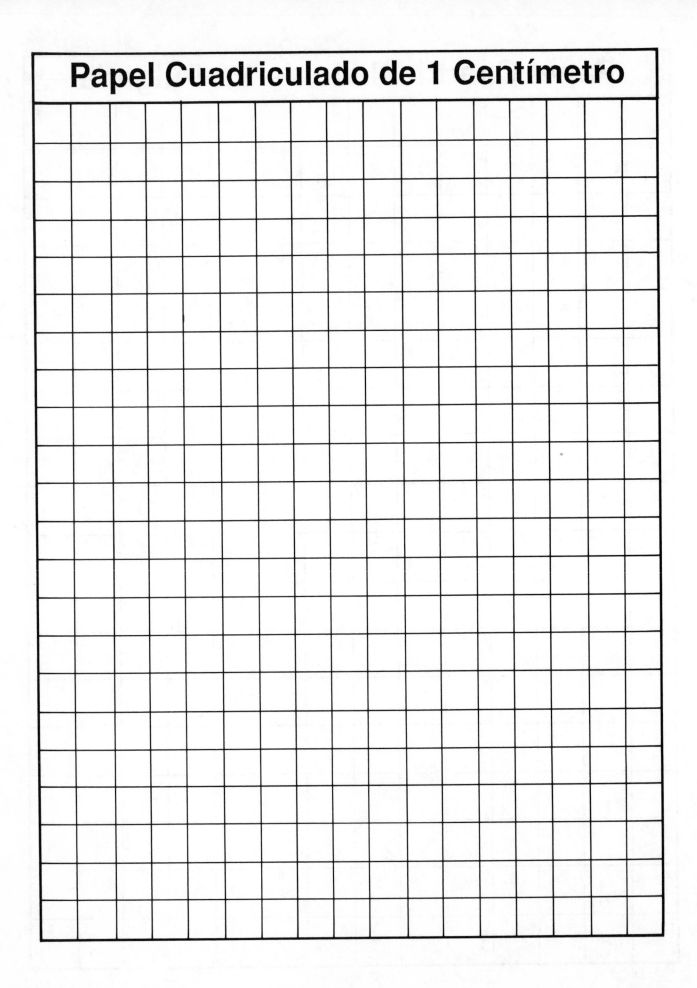

Comparando y Ordenando

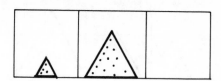

Porqué

Para experimentar y observar las comparaciones entre los tamaños de una variedad de objetos.

Cómo

- Haz que cada miembro de la familia compare su altura a otros objetos.

  - Determina algo más bajo.

  - Determina algo más alto.

  - Haz dibujos que ilustren la altura de cada miembro de la familia y la de los otros objetos.

- Escoge un objeto, como un palillo de dientes, una pluma o un lápiz, para que sirva de tu "unidad" de largo.

  - Determina cinco objetos más largos que la unidad.

  - Determina cinco objetos más cortos que la unidad y otros cinco objetos que tengan aproximadamente la misma longitud que la unidad.

  - Haz un dibujo de lo que has descubierto.

Materiales

Palillo de dientes

Pluma o lápiz

Papel de dibujo

(UNIDAD)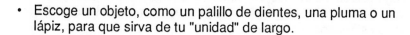

MÁS CORTO	DE IGUAL LONGITUD	MÁS LARGO
ALFILER	PINCEL	MESA

- Haz un dibujo de tu familia colocada en orden de estatura, del más alto al más bajo.

- Escoge cinco potes, latas, botellas o libros.

  - Colócalas en orden del más corto al más largo.

  - Comenta sobre si hace alguna diferencia el que un objeto sea redondo y grueso.

  - ¿Están todos de acuerdo sobre los objetos de mayor longitud?

  - Repite este procedimiento con otros objetos.

Unidades de Palillos de Dientes

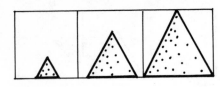

Nivel

Materiales

Palillos de dientes

Presillas (o sujetapapeles)

Frijoles

Porqué

Para desarrollar un mejor entendimiento de las unidades de medida mediante la utilización de unidades que no son estándar.

Cómo

- Consigue diez palillos de dientes.

  - Imagina que los palillos se colocan a lo largo, uno al lado del otro sobre la mesa.

  - Estima la distancia que cubrirán los palillos. Haz una marca con el lápiz en el lugar donde crees que llegarán los palillos; ver la ilustración que sigue.

  - Luego coloca los palillos de dientes a lo largo, uno al lado del otro y determina dónde realmente llegan. Compara el resultado con tu estimado.

  - Repite esta actividad utilizando presillas (o sujetapapeles), frijoles y otros objetos.

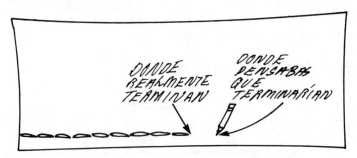

- Determina la longitud de otros objetos utilizando palillos de dientes.

  - Haz dibujos que ilustren tus resultados.

  - Estimula a los niños a estimar medias unidades cuando ello sea apropiado.

- Mide ahora la longitud de varios objetos utilizando sólo un palillo de dientes.

  - Mueve el palillo cuidadosamente a lo largo de un libro contando mientras lo haces.

  - Mide otros objetos de la misma manera.

  - (Nota: No comiences esta actividad hasta que los niños se sientan cómodos de utilizar muchos palillos.)

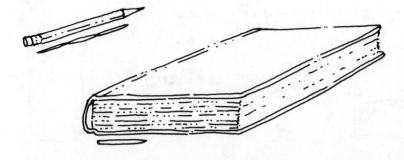

Gente Perfecta

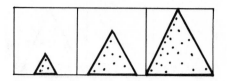

Porqué
Para explorar midiendo personas.

Cómo
*   Con la ayuda de tu familia corta pedazos de cordón o cinta de caja registradora, de suerte que sus longitudes correspondan a la estatura de cada miembro de la familia. Cada cual deberá utilizar su propio cordón o cinta de papel para completar el resto de la actividad.

*   Utiliza el cordón o la cinta de papel para determinar si tienes la forma de un **rectángulo alto,** un **rectángulo bajo** o un **cuadrado perfecto.** Para hacerlo pide a alguien que te ayude a sostener el cordón o la cinta a lo largo de tus brazos extendidos.

    *   Si el cordón o la cinta es más largo que la extensión de tus brazos, entonces eres un rectángulo alto.

    *   Si el cordón o la cinta es más corto que la extensión de tus brazos, entonces eres un rectángulo bajo.

    *   Si el cordón o la cinta tienen el mismo largo que tus brazos extendidos, entonces eres un cuadrado perfecto.

    *   Anota tus resultados en una tabla como la que se ilustra.

Materiales
Cordón o cinta de caja
registradora.

RECTÁNGULO BAJO	CUADRADO PERFECTO	RECTÁNGULO ALTO
MATEO SUSANA	JORGE	LINDA ROBERTO

*   Luego utiliza tu cinta de papel o el cordón para comparar tu estatura con la distancia alrededor (circunferencia) de tu cabeza, tu cintura y tu muñeca. Escribe una descripción de tus resultados así como la descripción de Tomás que aparece más adelante. Compara tus resultados con los de tu familia y tus amigos.

Tomás
MI ESTATURA ES	3 VECES LA CIRCUNFERENCIA DE MI CABEZA
MI ESTATURA ES	2 VECES LA CIRCUNFERENCIA DE MI CINTURA
MI ESTATURA ES	11 VECES LA CIRCUNFERENCIA DE MI MUÑECA

La Pulgada Aumentada

Materiales

Papel de 81/2" x 14" o más
   largo (1 por persona)
Pluma o lápiz
Reglas marcadas en 1/2, 1/4,
   y 1/8 de pulgadas

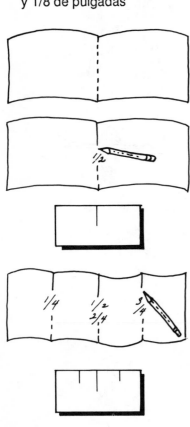

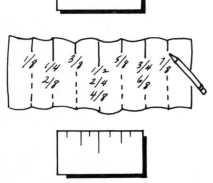

Porqué
Para explicar las líneas que representan las fracciones de pulgadas en las reglas.

Cómo
• Imagina que la longitud de la pulgada se ha aumentado al largo de tu papel.

• Dobla el papel a lo ancho por la misma mitad.
  • ¿Cuántas secciones tiene el papel?

• Dibuja una línea de tres pulgadas de largo, comenzando en el borde del papel y a lo largo del doblez.

• Escribe 1/2 bajo la línea para indicar que te encuentras a 1/2 del largo del papel. Compara tu papel con una regla que tenga divisiones para medios de pulgadas.

• Utiliza tu regla aumentada de medios de pulgadas para medir objetos a la media pulgada más cercana.

• Ahora vuelve a doblar tu hoja de papel nuevamente por la mitad.
  • Dibuja una línea de 2 1/2 pulgadas a lo largo de los nuevos dobleces comenzando en el mismo borde del papel donde trazaste la línea anterior.

• La primera línea queda a 1/4 parte del largo total del papel.

• Escribe 1/4 bajo la línea; ver ilustración.

• La próxima línea queda a 2/4 o 1/2 del largo total del papel.

• La tercera línea queda a 3/4 partes del largo total del papel; ver ilustración.

• Escribe 3/4 bajo esta línea.

• Compara tu papel con una regla que tenga divisiones para los cuartos de pulgada.

• Utiliza tu regla aumentada de cuartos de pulgada para medir objetos al cuarto de pulgada más cercano.

• Vuelve a doblar el papel nuevamente por la mitad.
  • ¿Cuántas secciones tienes ahora?

  • Traza el resto de las líneas y llena los números correspondientes.

Ideas Adicionales
• Continúa este procedimiento haciendo un doblez adicional para indicar los dieciseisavos de pulgada o incluye dos dobleces adicionales para representar 1/32 de pulgada.

• Mide objetos al dieciseisavo o treintidosavo de pulgada más cercano.

Actividades con Area

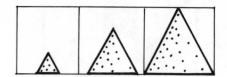

Porqué
Para ganar experiencias determinando el área de algunos objetos utilizando una gran variedad de unidades.

Cómo

Tapas Circulares

- Escoge una tapa circular.

- Halla otras tapas más pequeñas.

- Halla otras tapas más grandes.

- Ordena las tapas por tamaño.

Nivel

Materiales
Los materiales indicados al comienzo del capítulo

Manos Enguantadas

- Junta los dedos y haz un trazo alrededor de tu mano para dibujar una figura parecida a un guante de un niño.

- Adivina cuántos frijoles necesitarías para cubrir la figura. Coteja tu estimado.

- Adivina cuántos cuadrados de una pulgada se necesitan para cubrir el trazo. Coteja tu estimado.

Pulgadas Cuadradas

- El área de un objeto es el número de unidades cuadradas necesarias para cubrirlo.

- Adivina primeramente el número de cuadrados de una pulgada necesarios para cubrir las siguientes figuras: un pedazo de papel, una carátula de un disco fonográfico, una revista, tu libro favorito, un disco fonográfico. Luego coteja tus estimados.

- Ordena los objetos de acuerdo a su área.

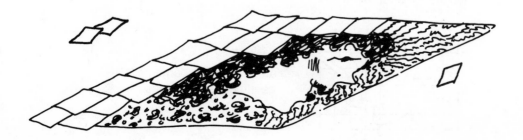

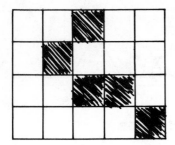

Diseños de Colores

- Colorea algún diseño utilizando 36 cuadrados en un pedazo 10 x 10 de papel cuadriculado.

- Prepara algunos otros diseños de 36 cuadrados.

- Compara tus diseños con los de algún amigo o amiga.

- Recuerda que todos los diseños tienen áreas iguales, en efecto, todos tienen área de 36 unidades cuadradas. (Para los niños más jóvenes , se deben colorear cinco cuadrados en un pedazo de papel de gráfica 4 x 5.)

Centímetros Cuadrados

- Halla cinco objetos que tengan área menor a un decímetro cuadrado y otros cinco objetos que tengan área mayor. Un decímetro cuadrado corresponde a 10 centímetros por 10 centímetros.

- Coloca los objetos sobre papel cuadriculado de un centímetro para que puedas así comparar sus áreas.

- Repite la actividad utilizando pies cuadrados y pulgadas cuadradas.

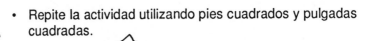

Diseños de Pulgadas

- Utiliza pulgadas cuadradas ☐ y medias pulgadas cuadradas ◹ para hacer diseños.

- Determina el área de tu diseño. Haz otro diseño y determina su área.

Área: 21 centímetros cuadrados

Cuadrados Parciales

- Traza objetos de formas variadas sobre papel de gráficas de un centímetro.

- Aproxima el área de los objetos sumando el número de los cuadrados totalmente incluidos dentro del trazo y añadiendo al número así obtenido la mitad de los cuadrados parcialmente incluidos dentro del trazo.

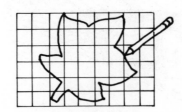

Área: aproximadamente 23 centímetros cuadrados

Lados de una Caja

- Traza los seis lados de una caja en papel cuadriculado de un centímetro.

- Determina el área de cada lado y suma el total para determinar el área de la superficie total de la caja.

- Repite este procedimiento con otra caja.

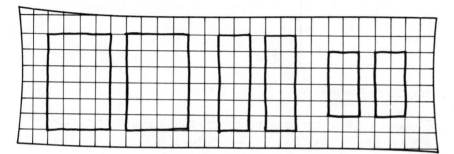

Papel Cuadriculado de 1 Centímetro

Rectángulos Expandidos

- Dibuja un rectángulo de 3cm x 2cm.

- ¿Qué le ocurre al área cuando duplicamos el largo?

- ¿Cuándo duplicamos el ancho?

- ¿Cuándo duplicamos tanto el largo como el ancho?

- Contesta las mismas preguntas para rectángulos de 5cm x 4cm y 6cm x 6cm.

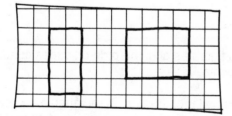

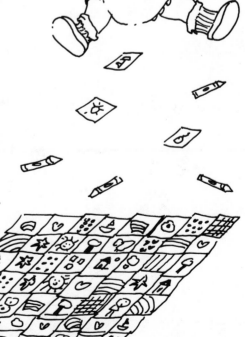

El Metro Cuadrado

- Prepara un metro cuadrado y cúbrelo con decímetros cuadrados decorados.

- Haz una yarda cuadrada. Cúbrela con pies cuadrados decorados.

Comparando Cuadrados

- Determina cuántos centímetros cuadrados hay en un decímetro cuadrado y en un metro cuadrado.

- Determina cuántas pulgadas cuadradas hay en un pie cuadrado y en una yarda cuadrada.

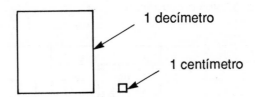

1 decímetro

1 centímetro

Comparando Perímetros

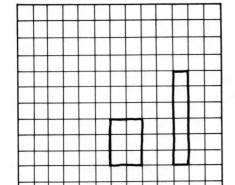

- En papel cuadriculado de un centímetro dibuja alguna figura que tenga un perímetro de catorce centímetros.

- Determina el área de la figura.

- Dibuja otra figura con el mismo perímetro.

- ¿Tiene la figura el mismo área?

- ¿Puedes encontrar alguna figura con área diferente?

- ¿Qué tipos de figuras con un perímetro de catorce unidades tienen el área mayor?

- Repite el mismo procedimiento para una figura con un perímetro de dieciseis centímetros.

Calculando Áreas

- El área de una figura es el número de unidades cuadradas que lo cubre exactamente.

- ¿Cómo puedes hallar el área de un rectángulo de seis pulgadas de largo por cuatro pulgadas de ancho si no tienes disponible papel cuadriculado de una pulgada?

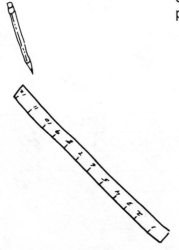

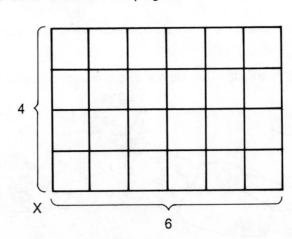

4

X

6

Capacidad y Volumen

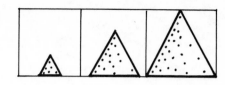

Nivel

Porqué

Para desarrollar un mejor entendimiento de la noción de volumen.

>> *Es necesario que los niños se expongan a muchas experiencias con volumen, comparando y midiendo con unidades estándar y no estándar. Las oportunidades de participar en este tipo de actividad están un tanto limitadas en la escuela, de manera que es importante que las mismas se le proporcionen al niño en el hogar. A veces es divertido añadir colorantes al agua y realizar las actividades en el patio, la bañera o el fregadero.* <<

Materiales

Envases de todos los tipos y tamaños

Cómo

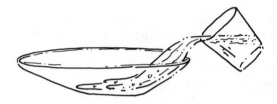

Media Taza

• Ayuda a tu niño a llenar un envase pequeño de agua. Luego pídele que vacíe el agua en algún otro envase que tenga forma diferente al primero. Observa lo que ocurre.

• Vierte el agua en otro envase adicional y observa lo que ocurre.

• Luego vacia el agua en una taza de medir hasta que alcances la marca de la media taza (si tienes suficiente agua).

>> *Háblale a los niños sobre la apariencia del agua en los diferentes envases y no trates de ser formal respecto al asunto de la medición. Las experiencias de este tipo desarrollan un entendimiento intuitivo de la noción de volumen, lo cual es un requisito para alcanzar un entendimiento formal de la misma.* <<

• Repite esta actividad utilizando arena, arroz y frijoles.

Vaso Lleno

- Halla un vaso de altura mediana y pide a tu hijo que lo llene de agua.

- Vierte el agua en otro envase de menor altura pero más ancho.

- Nota el nivel al que sube el agua en el segundo envase. Vuelve a vertir el agua en el vaso.

- Halla otro envase que sea más alto que el vaso. Trata de adivinar hasta dónde subirá el agua en este envase. Vierte el agua. ¿Fué tu estimado alto o bajo?

- Vacía el agua del vaso en otros envases de formas diferentes, tratando de adivinar primero hasta dónde habrá de subir el nivel del agua.

Cinco Envases

- Marque cinco envases con las letras A, B, C, D y E.

- Escoge uno de los envases y llénalo con frijoles pequeños.

- Escoge otro de los envases y adivina si el mismo puede contener más, menos o la misma cantidad de frijoles que el primer envase.

- Vierte los frijoles del primer envase el segundo. ¿Adivináste correctamente?

- Anota tus resultados. Compara lo que puede contener tu envase con lo que pueden contener el resto de los envases.

- Arregla los envases en orden del que puede contener menos al que puede contener más.

Contiene menos   Contiene más

Unidades de Envases

• Pide al niño que escoja el menor de los envases para utilizarlo como "unidad" de capacidad.

• Utilizando agua, frijoles o arroz mide cuántas unidades necesitas para llenar el resto de los envases.

• Anota tus resultados. Quizá sea conveniente poner cinta de papel adhesivo sobre cada envase y escribir sobre la misma el número de "unidades" necesario para llenar el envase.

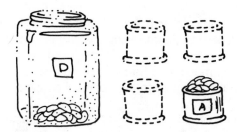

Ordenando Envases

• Coloca tres (o cinco) envases en orden de su capacidad **estimada**, del de más capacidad al de menos capacidad.

• Utiliza un envase pequeño con arroz o frijoles para que puedas verificar así si el orden estimado es el correcto.

Taza de Medir

• Determina cuánto pueden contener diferentes envases llenándolos de agua y luego vertiendo el agua en una taza estándar de medir.

• Repite este procedimiento utilizando un envase de un litro dividido en mililitros o centímetros cúbicos.

>> *Nota que un mililitro de agua llena un centímetro cúbico de volumen.* <<

Volumen de una Piedrecilla

- Llena hasta la mitad un envase plástico de agua. Marca el nivel del agua con una cinta adhesiva de papel.

- Con cuidado deja caer una pequeña piedra en el envase. ¿Qué le ocurre al nivel del agua?

- Saca la piedra y coloca otro objeto más pesado dentro del envase. ¿Qué ocurre otra vez?

Volumen de la Margarina

- Llena de agua un envase de medir de una pinta o un cuartillo hasta alcanzar la marca de una taza.

- Cuidadosamente empuja una barra de margarina de un cuarto de libra hasta que la misma quede bajo el nivel del agua.

- ¿Cómo cambia el nivel del agua? ¿Qué nos dice esto sobre la barra de margarina? ¿Puedes calcular su volumen?

- Repite esta actividad con media barra de margarina. ¿Cuál es el volumen de la media barra?

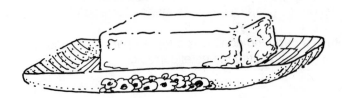

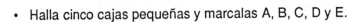

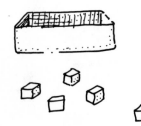

Envases de Azúcar

- Halla cinco cajas pequeñas y marcalas A, B, C, D y E.

- Utiliza cubos de azúcar u otro tipo de cubos para llenar las cajas.

- Anota tus resultados.

Sólido de Ocho Cubos

- Utiliza ocho cubos para construir un sólido rectángular (es decir una figura sólida que parece una caja sin indentaciones).

- Construye tantos sólidos rectangulares como puedas utilizando ocho cubos.

- Nota que todos estos sólidos tienen el mismo volumen, es decir, ocho unidades cúbicas.

- Repite la actividad con doce o dieciseis cubos.

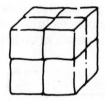

Más Sólidos de Cubos

- ¿Cuántos cubos se necesitan para construir un sólido rectángular de 1 x 2 x 3 ?

- ¿Cuántos cubos se necesitan para construir un sólido rectángular de 2 x 4 x 6 ?

- El número de cubos necesario para la construcción del sólido rectangular representa su **volumen.**

- Halla los volúmenes de los cubos 1 x1 x 1, 2 x 2 x 2 y 3 x 3 x 3.

- Prepara una tabla mostrando tus resultados.

LARGO DE UN LADO	NÚMERO DE CUBOS
1	1
2	8
3	?
4	?
5	?

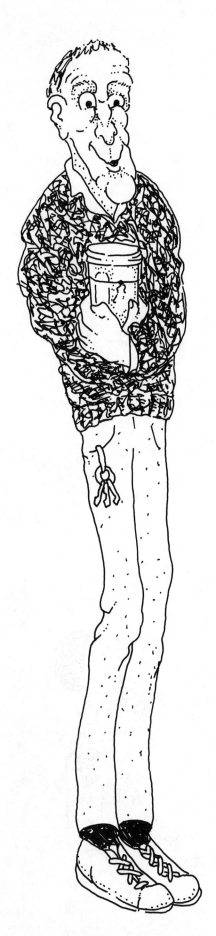

Circunferencias

- Utiliza un pedazo de cordón para comparar la **circunferencia** (distancia alrededor) con la altura de varios tarros, botellas y otros envases redondos.

- Primeramente coloca la cinta alrededor del envase y sosténla con los dedos para marcar la circunferencia.

- Luego estira el cordón para compararlo con la altura. ¿Te sorprenden acaso tus resultados? ¿Qué piensas que está ocurriendo?

- Una buena comparación que puedes realizar y que te ayudará a pensar sobre estos problemas, es la de la circunferencia de una lata de pelotas de tenis con la altura de la misma lata.

Variaciones del Perímetro

- Arregla seis tejas cuadradas (o cuadrados de papel) de manera que cada cuadrado toca por lo menos otro cuadrado a lo largo de todo un lado.

- Cuenta los lados externos para determinar el perímetro de tu figura.

- Forma otras figuras con los seis cuadrados y halla sus perímetros.

- ¿Tienen todas las figuras el mismo perímetro?

- Repite el procedimiento con quince cuadrados.

- ¿Tienen todas las figuras el mismo perímetro?

- ¿Qué figuras tienen mayores perímetros?

- ¿Cuáles tienen los perímetros más pequeños?

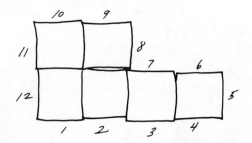

Razones de Tapas

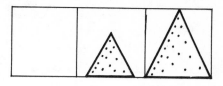

Porqué

Para desarrollar un mejor entendimiento del número π o la razón entre la circunferencia de un círculo y su diámetro.

Cómo

* Escoge una tapa de medir.

* Corta un pedazo de cinta o cordón que da la vuelta a la tapa una vez exactamente (circunferencia).

* Corta un pedazo de cinta o cordón que represente exactamente la distancia mayor de un extremo a otro de la tapa.

* Pega con cinta adhesiva las cintas o cordones para la circunferencia y el diámetro sobre tu pedazo de papel de anotaciones.

* Corta cintas para medir las circunferencias y diámetros de varias otras tapas.

* Pega estas cintas en tu hoja de resultados.

Materiales

Tapas circulares

Cinta o cordón

Tijeras

Una hoja grande de papel

Pluma o lápiz

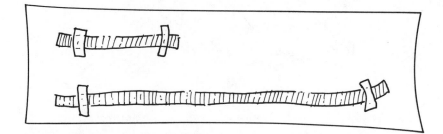

* Estudia los cordones o la cintas correspondientes a la circunferencia y el diámetro para todas las tapas.

* ¿Cuánto más largo es el cordón o la cinta de la circunferencia que el del diámetro?

* ¿Cuántos cordones o cintas del diámetro puedes colocar a lo largo del cordón o la cinta correspondiente a la circunferencia?

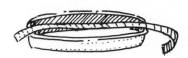

>> *La fórmula para calcular la circunferencia de un círculo es:*

Circunferencia = π x Diámetro	$C = \pi d$
o	*o*
Circunferencia = 2 x π x Radio	$C = 2\pi r$

La razón representada por π es aproximadamente 3.1416 y es la misma para todos los círculos. <<

Ideas Adicionales

* Mide los largos exactos de las cintas o cordones correspondientes a la circunferencia y el diámetro de cada tapa. Utiliza una calculadora para hallar la razón circunferencia / diámetro para cada tapa. ¿Observas algún patrón?

Construyendo Balanzas

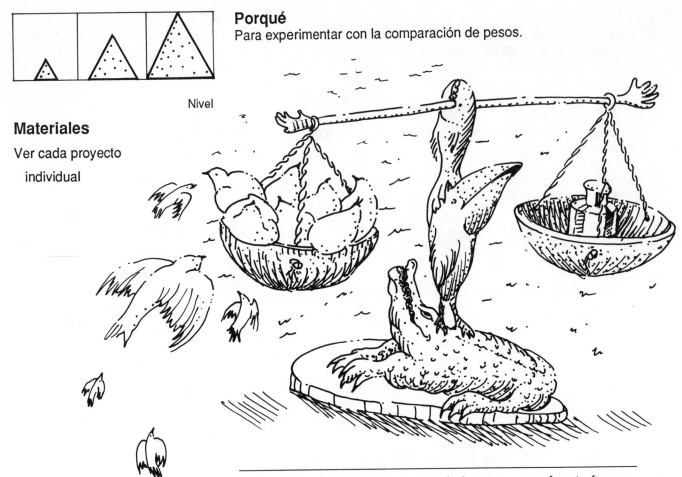

Porqué
Para experimentar con la comparación de pesos.

Nivel

Materiales

Ver cada proyecto
  individual

>> *Es posible que puedas comprar balanzas en una ferretería, una tienda por departamentos o alguna venta de garaje. También es posible que puedas tomar prestada una balanza de la escuela más cercana. Las balanzas profesionales son muy útiles para los proyectos serios.*

Sin embargo, se puede derivar un gran beneficio al ayudar a los niños a experimentar construyendo sus propias balanzas. He aquí algunas ideas para comenzar. Es posible que la familia piense en ideas adicionales.

Es posible que algunas de las balanzas no funcionen tan bien como deseáramos, de manera que a veces es necesario escoger objetos de pesos bastantes diferentes para poder así mostrar una diferencia entre uno y otro. Otras balanzas funcionarán maravillosamente permitiendo realizar balanceos bastantes refinados. Las diferencias entre unas balanzas y otras dependen en parte del cuidado que se tiene al construirlas. <<

Cómo

- Utiliza un tronco cilíndrico, como los que se utilizan en la chimenea, y balancea una tabla larga de madera sobre el mismo. Cuando dos personas se sientan en los extremos de la tabla y a la misma distancia del tronco, ¿cuál de ellas baja? ¿Cuánto se debe acercar al tronco la persona más pesada antes de que la persona más liviana comienze a descender?

- Utiliza un objeto pequeño y cilíndrico, como un lápiz, y balancea una regla sobre el objeto. Coloca cuidadosamente pequeños vasitos de papel en cada extremo de la regla y vuelve a balancear la regla con los vasitos. Coloca frijoles u otros objetos pequeños dentro de cada vasito. Experimenta con varios objetos. ¿Cuántas presillas se necesitan para balancear una canica?

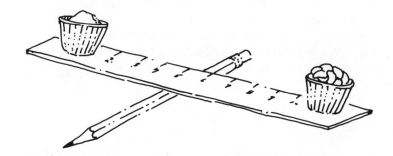

- Utiliza un gancho de ropa con dos presillas en los extremos, cada uno de ellos sosteniendo un vasito de papel o plástico; ver ilustración. Cuando tengas una balanza parecida a la que se indica, cuélgala de algún lugar en la parte superior de una puerta o una ventana. Intenta colocar diferentes objetos en los vasitos para realizar así experimentos de balanceo.

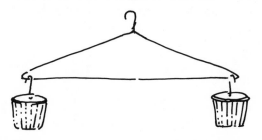

- Utiliza una regla vieja (una que no te importaría tirar) o un pedazo de madera con la forma de una regla. Barrena tres agujeros en la regla como se indican:

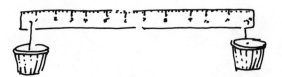

Coloca dos presillas en los extremos y un cordón en el agujero del medio. Cuelga toda la estructura en un clavo o en la parte superior de una puerta. Coloca pesos pequeñitos (así como frijoles o pedacitos de barro) en los vasitos hasta que puedas lograr el balance.

- Utilizando unas tijeras para cortar metal, corta un gancho de ropa de la manera que se indica.

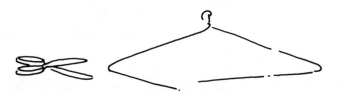

Remueve la parte superior de un cartón de huevos conservando la parte que tiene los compartimientos para colocar los huevos. Empuja la porción recta del gancho a través del centro del cartón; ver ilustración. Cuelga el gancho de la parte superior de una puerta o pide a alguien que lo sostenga. Coloca pesos pequeños en los compartimientos hasta que logres el balanceo de la configuración.

- Piensa ahora en otras ideas para construir balanzas.

Actividades de Peso

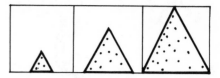

Nivel

Porqué

Para ver y sentir representaciones gráficas de las frases **más pesado que**, **más liviano que**, y **aproximadamente del mismo peso.**

>> *Toma prestado o construye una balanza para utilizarla en estas actividades.* <<

Cómo

¿Cuál Pesa Más?

- Escoge dos objetos. Teniendo uno en cada mano trata de decidir cuál pesa más.

- Revisa tu estimado colocando los objetos en los extremos opuestos de una balanza.

- Repite la actividad con otros objetos.

Materiales

Una balanza
  (Ver las páginas 98 - 100)
Presillas (o sujetapapeles)
Objetos variados
Bloques pequeños

Balanceando

- Halla dos objetos que te parezcan pesan lo mismo.

- Coteja tu estimado utilizando la balanza.

¿Más Liviano o Más Pesado?

- Utiliza la balanza para ordenar tres (o cinco) objetos del más liviano al más pesado.

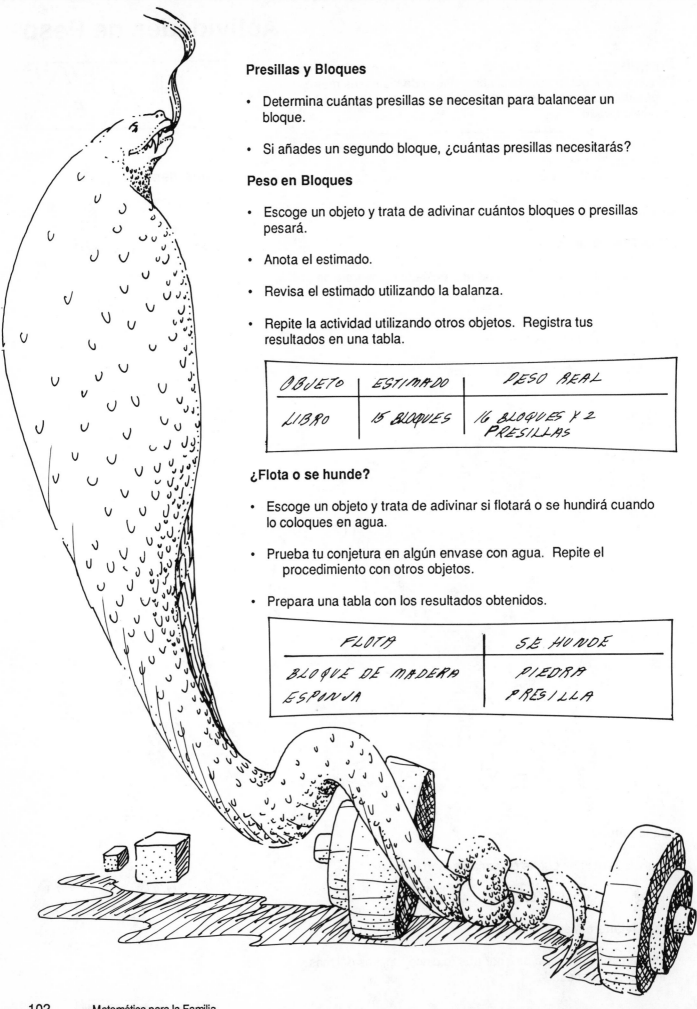

Presillas y Bloques

• Determina cuántas presillas se necesitan para balancear un bloque.

• Si añades un segundo bloque, ¿cuántas presillas necesitarás?

Peso en Bloques

• Escoge un objeto y trata de adivinar cuántos bloques o presillas pesará.

• Anota el estimado.

• Revisa el estimado utilizando la balanza.

• Repite la actividad utilizando otros objetos. Registra tus resultados en una tabla.

OBJETO	ESTIMADO	PESO REAL
LIBRO	15 BLOQUES	16 BLOQUES Y 2 PRESILLAS

¿Flota o se hunde?

• Escoge un objeto y trata de adivinar si flotará o se hundirá cuando lo coloques en agua.

• Prueba tu conjetura en algún envase con agua. Repite el procedimiento con otros objetos.

• Prepara una tabla con los resultados obtenidos.

FLOTA	SE HUNDE
BLOQUE DE MADERA	PIEDRA
ESPONJA	PRESILLA

Temperatura

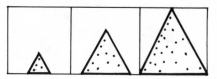

Nivel

Porqué

Para desarrollar una mejor intuición sobre la relación entre las temperaturas calientes y frías y los números que aparecen en los termómetros.

Cómo

Papel de Lija

- Frota firme y rápidamente un pedazo de papel de lija sobre un pedazo de madera.

- Detente y toca las superficies de la lija y de la madera.

Comparando Termómetros

- Coloca un termómetro Celsio y uno Fahrenheit uno al lado del otro.

- Compara las lecturas de temperatura en diferentes tiempos.

Blanco y Negro

- Coloca un pedazo de papel blanco y otro de papel negro bajo la luz solar.

- Luego de cinco minutos, ¿Cuál parece estar más caliente?

- Luego de media hora, revisa nuevamente los pedazos de papel.

- Repite la actividad con un termómetro colocado debajo de cada papel.

- Lee las temperaturas al cabo de cinco minutos y al cabo de treinta minutos.

Graficando Temperaturas

- Construye una gráfica de las temperaturas más altas de la ciudad donde vives por espacio de una semana o de un mes.

Bloques de Hielo

- Coloca hielo en agua y determina la temperatura del agua mediante un termómetro.

- Añade sal de roca al hielo y determina la temperatura del hielo. ¿Qué le hace la sal de roca a la temperatura del hielo?

Materiales

Papel de lija
Pedazo de madera

Termómetros Celsio y
    Fahrenheit

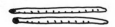

Papel blanco y papel negro
Termómetros

Periódico

Hielo
Termómetro
Sal de roca

Capítulo V

NÚMEROS
Y
OPERACIONES

Números y Operaciones

Jacinta va a la ferretería y compra diez clavos por veinticinco centavos. Más tarde decide que no quiere martillar y vende los clavos a su amigo Tomás por cincuenta centavos. Al día siguiente Jacinta se topa con un proyecto (montar cinco rótulos) que requiere clavos. Tomás que es tan buen amigo de Jacinta le vende los clavos por setenta y cinco centavos. Antes de que Jacinta pueda utilizar los clavos, su amigo Pedro se aparece con una pistola de grapas. Jacinta y Pedro terminan utilizando la pistola en lugar de los clavos para colocar los rótulos. Afortunadamente para Jacinta, el carpintero de la vecindad, Jorge, vino en busca de clavos. Ella le vende los clavos a Jorge por un dólar. ¿Cuál fue el resultado de las transacciones monetarias de Jacinta? ¿Ganó o perdió dinero o salió a la par?

A pesar de que todos los niños pueden realizar todas las operaciones envueltas en este problema, a menudo éstos no tienen suficiente experiencia razonando situaciones complejas como la que hemos presentado. La instrucción en el área de los números y las operaciones le proporciona a los jóvenes la habilidad de poder utilizar la Aritmética para resolver problemas.

El sólo enseñar las "reglas" de la suma, resta, multiplicación y división no es suficiente para capacitar a los jóvenes para resolver este tipo de problema.

La creencia de que la matemática no es sino Aritmética y que ésta última consiste de una lista de reglas, fué una que gozó de gran aceptación en el pasado. Sin embargo, los buenos programas de matemática de los tiempos actuales incluyen un currículo mucho más amplio en le que la enseñanza está dirigida a lograr un mejor entendimiento y no a seguir reglas. Aun así, los maestros de la escuela elemental sienten la presión de tener que cubrir las áreas de destrezas rápidamente sin dar bastante tiempo a los niños para que ganen suficiente experiencia con la Aritmética. A consecuencia de esta circunstancia tenemos una nación de niños que pueden calcular los resultados a problemas aritméticos pero que no pueden aplicar efectivamente ese poder de cálculo.

La Aritmética no se puede enseñar como una serie de reglas porqué:

Las reglas se olvidan fácilmente, especialmente si se han aprendido las mismas sin entender bien sus aplicaciones. Frecuentemente los niños utilizan una combinación de su propia lógica con una regla que recuerdan a medias:

$1/2 + 1/4 = 2/6$; 10% de $100 es $1.00; $42 - 28 = 26$; $n - 4 = 5$ significa que 1 corresponde al encasillado.

Cada uno de los errores anteriores tiene una base lógica y es el resultado de aplicar las "reglas" sin entender su significado.

Las reglas minimizan el pensar. Al practicar la Aritmética sólo como un grupo de reglas los niños manipulan los números simbólicamente sin reflexionar sobre los valores de los mismos o sobre el significado de los procesos que se encuentran realizando. Considera la siguiente pregunta: Si puedes recortar diez pies de tela en franjas de dos pulgadas, ¿cuántas franjas tendrás al final? Una respuesta típica a esta pregunta es cinco.

Materiales

Papel

Papel de construcción de 5 a 8
   colores diferentes

Papel de trazo o cintas largas
   de papel

Lápices y plumas

Tijeras

Pega o cinta adhesiva

Dados

Dinero real o de juego
   (monedas de 1 y 5 centavos)

Una baraja americana

Papel cuadriculado
   (Ver páginas 79-82)

Tejas cuadradas
   (o cuadros de papel)

Frijoles (rojos, rosados, habas o
   botones u otros objetos que
   puedan representar frijoles.)

Las reglas interfieren con la visualización de relaciones. El aprender la Aritmética a través de reglas hace difícil el que se puedan visualizar las relaciones matemáticas; la suma de números enteros se concibe como algo diferente a la suma de fracciones. Se piensa que las fracciones no guardan relación alguna con los decimales excepto en el momento que se estudian ciertas páginas del libro donde se requiere que cambiemos fracciones a decimales y decimales a fracciones mediante la aplicación de ciertas reglas. Similarmente, 2/4 se puede reducir a 1/2 a pesar de que con frecuencia los niños muestran dudas sobre cuál es la fracción mayor, 1/2 ó 2/4, sin entender que 1/2 = 2/4.

Las reglas no funcionan bien en la resolución de problemas. Los niños que practican la Aritmética sólo como un grupo de reglas se privan de la oportunidad de aplicar sus destrezas en situaciones que envuelven la resolución de problemas.

¡Que tribuna! Claramente Matemática para la Familia no aboga por la memorización mecánica de las reglas como el método primordial para aprender de números y operaciones. ¿Qué puedes hacer el el hogar para aumentar la probabilidad de que tu niño o niña entienda mejor la Aritmética aprendida en la escuela? Primeramente es necesario que hables con tu hijo sobre la aritmética. ¿Qué significa el "1" en "16" ? ¿Puedes hacer un dibujo sobre este problema? ¿Cuál es el mayor número? ¿Cómo se representan 1/2 y 2/4?

Realiza concursos extravagantes de historias. Comienza por "Voy a inventar una historia con un problema que utiliza 3 x 4 para la contestación. Mira a ver si puedes pensar en una historia más extravagante que la mía." He aquí una historia de 3 x 4 creada por un niñito impedido del sexto grado.

> Era ya más de la media noche cuando tres duendes (Zap, Evarista y Uglo) salieron de su casucha. Esa noche ellos recobrarían los tesoros robados. Los tesoros se habían enterrado en una alcantarilla más abajo de la casa del alcalde. Cada uno de los duendes viajó a la alcantarilla cuatro veces. En cada viaje cada duende regresó con un saco de botín. ¿Cuántos sacos tenían los duendes en total?

Debes tener discusiones sobre los números. "Dime doce cosas acerca del número 6." "¿Es cero un número?" "Dime, ¿qué ocurre si dividimos uno por uno?" "Si yo fuese de Etiopía, nunca hubiese visto el número 3/4 y pudiese hablar español, ¿qué diez cosas me podrías decir para ayudarme a entender todo lo que hay que saber del número 3/4?" "Mira ésta lámina (o grupo de objetos) y dime un problema aritmético que puede representar."

Cuando realices las actividades de este capítulo recuerda que los niños con frecuencia necesitan referencias concretas para los símbolos que manipulan. Para la actividad **Dígitos Dobles** (página 111), por ejemplo, es posible que en lugar de papel y lápiz el niño utilice un palillo de helado para representar cada diez unidades y un frijol para representar la unidad.

Para poder aprender datos sobre la multiplicación, la resta y la suma es necesaria la memorización. El memorizar datos puede resultar divertido y el proceso se puede simplificar si el niño descubre patrones en los números y entiende bien las operaciones envueltas.

Pensamos que la Aritmética está llena de nociones maravillosas y elegantes. Además de aprender a calcular, los niños también se benefician de disfrutar los cálculos y apreciar la belleza y la estructura de los números. Trata de mantener o recobrar la exhuberancia natural que exhiben la mayoría de los niños respecto al entendimiento intuitivo de los números. Antes de que los juegos que siguen se conviertan en meras rutinas o de que las discusiones se conviertan en sesiones de exámen, relájate y descansa por un rato. Las actividades se deben utilizar para enriquecer tu relación con tu niño y la relación del niño con la matemática; no para crear más tensiones.

Aprendiendo los Datos Básicos

Porqué
Para proveer métodos alternos para aprender y practicar los datos aritméticos básicos de la suma, resta, multiplicación y división.

>> *Los mismos padres, maestros y estudiantes usualmente identifican el "aprender los datos básicos" como uno de los pasos de más importancia en la matemática. He aquí varias formas de ayudar a la gente a conseguir este paso. Inténtalos todos para que descubras cuál gusta más y resulta más exitoso para tu familia.* <<

Practica con un sólo dato númerico por día. Por ejemplo, varias veces en la mañana repite "siete por ocho es 56". Luego sugiere a tu hijo que repita la oración numérica siempre que sea posible durante todo el día. Por lo regular, al final del día se aprende bien el dato correspondiente. Te sorprenderás de lo rápido que se suceden los días y se memorizan los datos.

Repite los "datos del día" en tantas voces como sea posible, gritándolos, contándolos, diciéndolos con voces rugientes o silbantes, subiendo o bajando en la escala musical etc... ¡Usa tu imaginación! ¿Cómo diría un pescado 5 x 9 = 45?

Examina la tabla de suma o multiplicación y elimina todos los datos conocidos tales como los "por uno" o "por dos". Luego elimina uno de los ejemplos de los datos que se repiten dos veces. ¡El problema 6 x 7 es el mismo que 7 x 6! Luego, cuando examines lo que resta por aprender, te sorprenderás de que no parece ser tan difícil como pensabas originalmente al ver toda la tabla que tenías que memorizar.

Trabaja yendo de las contestaciones a los problemas. Hay sólo uno de los datos básicos de la multiplicación cuya contestación está en los ochentas (9 x 9 = 81) y sólo uno cuya contestación queda en los setenta (9 x 8 = 72). ¿Cuántos quedan en los 60? (8 x 8 = 64, 9 x 7 = 63). ¿Cuántos en los 50? (Sólo dos, 7 x 8 = 56 y 9 x 6 = 54). ¿Es ésto mucho que aprender? Por lo regular estos datos particulares son los más difíciles. Ver la actividad " **Cien Tarjetas**" en la página 44.

Concentra en aprender primeramente los números "cuadrados". Estos son los números que se obtienen al multiplicar un factor por si mismo o al sumar un sumando a si mismo. Una vez memorizados, estos nos darán una base a la cual podemos regresar cuando olvidemos algunos de los otros datos. Por ejemplo, si 7 x 8 resulta difícil, recuerda que 7 x 7 = 49 y si sumas 7 más, obtienes 56.

1 + 1 = 2	1 x 1 = 1
2 + 2 = 4	2 x 2 = 4
3 + 3 = 6	3 x 3 = 9
4 + 4 = 8	4 x 4 = 16
5 + 5 = 10	5 x 5 = 25
6 + 6 = 12	6 x 6 = 36
7 + 7 = 14	7 x 7 = 49
8 + 8 = 16	8 x 8 = 64
9 + 9 = 18	9 x 9 = 81

Practica "familias de datos" para poder entender así la relación entre la suma y la resta o la multiplicación y la división. Por ejemplo, 6 x 7 = 42, 42 ÷ 6 = 7 y 42 ÷ 7 = 6 constituyen una "familia de datos" ya que todos los problemas muestran la misma relación numérica presentada en formas diferentes. Estas "familias de datos" son de gran utilidad una vez se han aprendido los datos de la suma y la multiplicación pero se está teniendo dificultad con los datos de resta y división.

Cerciórate de que tu niño entiende bien el significado de los números y de las operaciones. De ser posible, utiliza objetos para ilustrar el problema o utiliza diagramas cuando el problema envuelve números muy grandes.

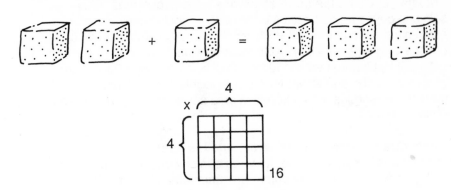

Utiliza las tarjetas de práctica con precaución. Si el niño no conoce las contestaciones, adivinar constituye muy poco al aprendizaje.

Estudia los patrones de las tablas de suma y multiplicación. Examina el capítulo sobre tablas numéricas para actividades adicionales.

Prepara una pequeña tabla con el vocabulario aritmético. Por ejemplo:

Sumando + Sumando = Suma

Minuendo - Sustraendo = Resta

Factor x Factor = Producto

Dividendo ÷ Divisor = Cociente y Residuo

Dígitos Dobles

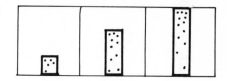

Nivel

Porqué

Para practicar la destrezas de la identificación de los valores de posición de nuestro sistema numérico y la estimación de cantidades.

>> *En este juego tanto la suerte como la habilidad juegan papeles importantes. La utilización de los dados hace imposible que se pueda determinar una estrategia ganadora consistente para el juego. Sin embargo, el sentido intuitivo que los niños tienen de la Probabilidad les permite dar con una estrategia general para ganar la mayoría de las veces. El desarrollo de la destreza de la estimación hace más probable el éxito de los niños en otras áreas de la matemática.* <<

Materiales

Hoja de anotaciones

Lápiz

Dados

Un juego para

2-6 jugadores

Cómo

• Necesitarás un dado para todo el grupo y una hoja de anotaciones para cada miembro de la familia. La hoja se debe preparar de la siguiente manera.

DECENAS	UNIDADES
1	
2	
3	
4	
5	
6	
7	

• Los jugadores se turnan para tirar el dado.

• Cada número se puede escribir tanto en la columna de las decenas así como en la de las unidades.

• Cuando un número se escribe en la columna de las decenas, escribimos un "0" en la columna de las unidades. Así pues un "4" en la columna de las decenas representa el número 40.

• Luego de que cada jugador tire el dado siete veces, los jugadores deben sumar individualmente todos los números obtenidos.

• Los jugadores deben comparar sus totales.

• El jugador cuyo total esté más cercano a 100 sin ser mayor será el ganador.

Ideas Adicionales

• Al final del juego se deben discutir otras formas de obtener un total mayor utilizando los mismos números.

• Ver tambien el juego **Dígitos y Dólares** para niños más jóvenes.

Dígitos y Dólares

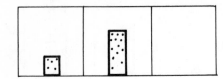

Nivel

Materiales

Papel

Dinero de juego o dinero
 verdadero

Monedas de 1 centavo
 y de 10 centavos

Un dado

*Un juego para
2-4 jugadores*

Porqué

Para practicar deztrezas matemáticas relacionadas con valor de
 posición o valor relativo de los digitos en nuestro sistema
 numérico.

>> *Este juego es apropiado para los niños más jovenes. Jugando el
mismo los niños aprenden sobre el valor de posición de números
colocados en columnas y mejoran así su habilidad para efectuar
cálculos utilizando dinero.* <<

Cómo

- Cada persona necesita un tablero de juego preparado en una hoja
  de papel de la siguiente manera:

MONEDAS DE DIEZ CENTAVOS	MONEDAS DE UN CENTAVOS
1	
2	
3	
4	
5	
6	
7	

- Las monedas de un centavo y de diez centavos se deben colocar
  en el centro de una mesa al alcance de todos los jugadores.

- Los jugadores se turnan para tirar un dado.

- Todos los jugadores utilizan el número obtenido en cada turno.

- Cada jugador toma tantos centavos o tantas monedas de 10
  centavos como se indica en el dado y las coloca en la columna
  apropiada, es decir, las monedas de 10 centavos en la columna de
  la izquierda y las de un centavo en la derecha. Un jugador no
  podrá tomar **ambas** monedas de 10 centavos y de un centavo en
  un mismo turno.

- Cuando un jugador acumula 10 o más de las monedas de un
  centavo, el mismo deberá cambiar 10 de tales monedas por una
  moneda de 10 centavos. La moneda de diez centavos así
  obtenida se coloca en la columna de la izquierda con el resto de
  las monedas de 10 centavos.

- El objeto del juego consiste en acercarse lo más que sea posible
  a $1.00. Los totales podrían ser mayores que $1.00.

- Tan pronto como cada jugador haya consumido sus siete turnos,
  se calculan los totales y se determina quién ha quedado más cerca
  de $1.00. Esta persona será la ganadora.

Ideas Adicionales

- Se podrían utilizar monedas de un centavo y de cinco centavos
  para alcanzar un total de 25 centavos. Este juego es
  particularmente apropiado para niños más jóvenes.

Dígitos Dobles Invertidos

Porqué

Para practicar la estimación y la resta con o sin reagrupación (tomando prestado).

>> Esta actividad promueve un mejor entendimiento de la probabilidad a través de la observación de la frecuencia con que ocurren ciertos números. Por ejemplo, si un "4" ha ocurrido en tres ocasiones, ¿será posible que vuelva a ocurrir en el próximo turno? <<

Cómo

- El propósito de este juego consiste en acercarse tanto como sea posible al cero, sin obtener un número mayor que cero. Un jugador queda eliminado si se pasa del cero.

- Un juego incluye un total de siete turnos para cada jugador. Es conveniente mantener constancia de los turnos consumidos.

- Antes de comenzar el juego, los jugadores escriben el número "100" en la parte superior de sus hojas de anotaciones.

- Los jugadores se turnan para tirar un dado.

- Cada jugador tiene la opción de escoger el número indicado por el dado o 10 veces el mismo número. Por ejemplo, si el dado muestra un "5", el jugador podría anotar 5 así como 50.

- Luego de hacer la anotación del número escogido, el mismo se resta de 100 o del resultado obtenido en la jugada anterior.

- El juego continúa hasta que cada jugador haya consumido sus siete turnos o no pueda efectuar la resta correspondiente y quede eliminado.

- La persona que quede más cerca de cero al final de siete turnos es la ganadora.

Ideas Adicionales

- Se podría comenzar el juego con 10 monedas de 10 centavos. Las monedas se van removiendo de acuerdo al valor indicado por el dado, y se utilizan monedas de 1 centavo para producir el cambio que fuese necesario. En este caso, un valor de 4 podría indicar 4 monedas de 10 centavos así como 4 monedas de 1 centavo. Si una persona no tiene suficiente dinero que remover, la misma queda eliminada. La persona ganadora es aquella quien luego de siete turnos tiene la menor cantidad de dinero.

Nivel

Materiales

Papel

Lápiz

Dado

Un juego para

2-6 personas

¿Cuánto Te Puedes Acercar?

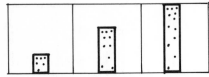

Nivel

Materiales

Una baraja americana

  (de 52 cartas)

Lápiz y papel

Un juego para

2-5 jugadores

La segunda turno

Porqué

Para practicar la resta, la estimación y la aritmética mental.

Cómo

- Remueve las cartas con retratos (K , Q y J) y las cartas con un valor de 10. Baraja las cartas restantes varias veces.

- Reparte cuatro cartas a cada jugador.

- De las cartas restantes coloca hacia arriba sobre la mesa otras dos cartas. La primera carta representa las decenas y la segunda representa las unidades del **numero clave.** Por ejemplo un seis y un as representan el numero **61.**

La primera turno

- Luego los jugadores colocan sus cartas hacia arriba sobre la mesa y las arreglan en dos dígitos cuya **diferencia** esté lo mas cercana posible al numero clave.

- Para calcular la puntuacíon cada jugador determina la diferencia entre el número obtenido y el número clave.

- Por ejemplo, si el número clave es el 61 y un jugador tiene cartas de A, 5 , 3 y 9, la mejor combinación posible es 95 - 31 = 64 de suerte que la puntuación de ese turno es 64 - 61 = 3 .

Nota que el número obtenido podría muy bien ser **mayor o menor** que el número clave. Como los pares 61,64 y 58,61 resultan en una misma diferencia de 3 unidades , tanto el 64 como el 58 dan la misma puntuación.

- Para la proxima jugada escoge dos nuevas cartas de la baraja. Los jugadores podrían utilizar en su turno las mismas cuatro cartas que les habían repartido o escoger nuevas cartas de la baraja. Luego se continúa el juego de la misma manera descrita anteriormente.

- En cada turno los jugadores suman las puntuaciones obtenidas a sus puntuaciones anteriores.

- Juega 5 turnos por jugador. El jugador que obtenga **el menor número de puntos** será el ganador.

Ideas Adicionales

- Juega de suerte que la puntuación total del grupo sea lo menor posible.

- Permite el intercambio de cartas entre los participantes.

- Puedes variar el juego escogiendo un número de tres dígitos y repartiendo seis cartas a cada jugador.

Rectas Númericas de Rectángulos

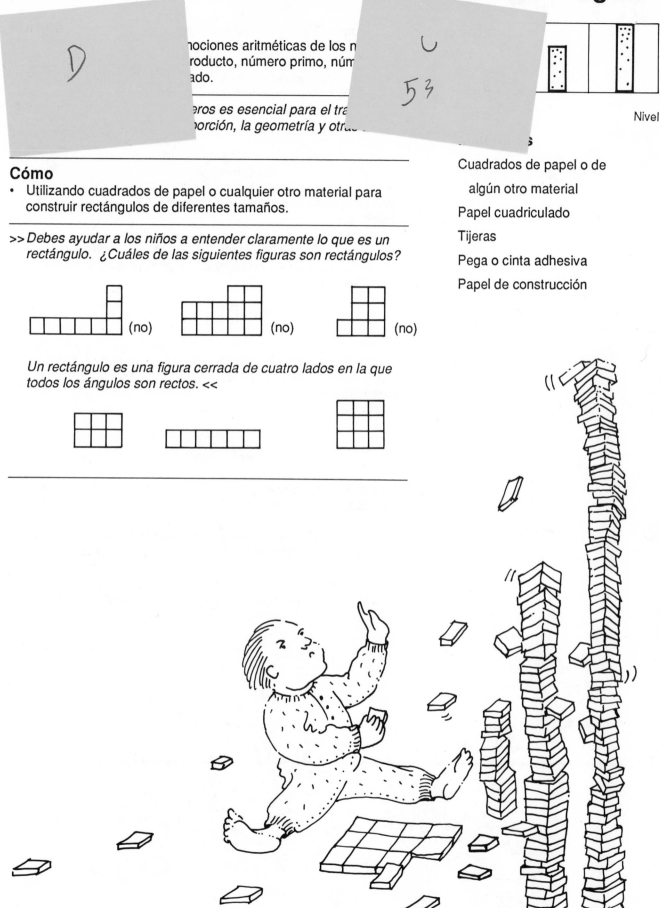

...nociones aritméticas de los n...
...roducto, número primo, núm...
...ado.

...eros es esencial para el tra...
...orción, la geometría y otra...

D

U

53

Nivel

Cómo

- Utilizando cuadrados de papel o cualquier otro material para construir rectángulos de diferentes tamaños.

>> *Debes ayudar a los niños a entender claramente lo que es un rectángulo. ¿Cuáles de las siguientes figuras son rectángulos?*

(no)   (no)   (no)

Un rectángulo es una figura cerrada de cuatro lados en la que todos los ángulos son rectos. <<

Cuadrados de papel o de
   algún otro material
Papel cuadriculado
Tijeras
Pega o cinta adhesiva
Papel de construcción

- ¿Cuántos cuadrados hay en cada rectángulo? ¿Cuántos cuadrados hay en el rectángulo más pequeño posible?

>> *El rectángulo más pequeño posible consiste de un cuadrado. Aunque muchas personas pensarían lo contrario, **un cuadrado es un caso especial de un rectángulo.*** <<

- ¿Cuántos cuadrados necesitas para obtener el próximo tamaño de un rectángulo?

>> *El próximo rectángulo posible consiste de **dos** cuadrados. Podríamos representar los rectángulos de dos cuadrados de la siguiente manera:*

*Tales rectángulos tienen exactamente la misma forma y el mismo tamaño. En la matemática se dice que tales rectángulos son **congruentes.*** <<

- ¿Cuál es el rectángulo más grande que puedes formar utilizando todos los cuadrados disponibles?

>> *¿Cómo podemos decidir cuál es el rectángulo más grande? Una posible manera es la de contar todos los cuadrados que lo forman. Otra manera de determinar el tamaño, la cual esperamos que los niños descubran por su propia iniciativa, es la de multiplicar los números que representan el largo y el ancho del rectángulo.* <<

- Ahora estamos listos para dibujar en papel de gráfica la representación de los números en términos de rectángulos.

- Primeramente preparamos una franja larga de papel de construcción y escribimos en su margen superior los enteros del 1 al 25 como se ilustra. Ésta será nuestra recta numérica.

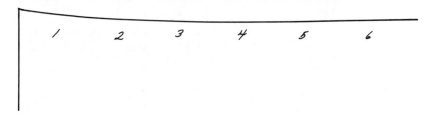

- Comenzamos con el 1. Corta un cuadrado de papel de gráfica y pégalo a tu franja de papel bajo el número "1".

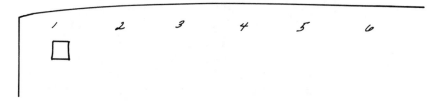

- Luego corta un rectángulo de área 2 y pégalo a la franja de papel bajo el número "2".

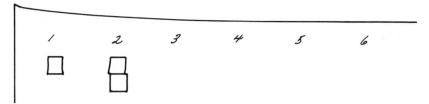

- Corta un rectángulo de área 3 y colócalo bajo el número "3".

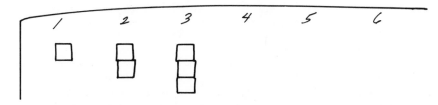

- ¿Cuántos rectángulos puedes determinar que tengan área de 4? Como podrás notar, hay dos tales rectángulos, uno de los cuales es un cuadrado.

- Si así lo deseas, rotula cada rectángulo indicando el número de cuadrados que lo forman.

- Continúa contando los rectángulos correspondientes a cada número hasta que hayas completado por lo menos 15 o 20 de los números en la franja de papel. Luego examina los resultados obtenidos.

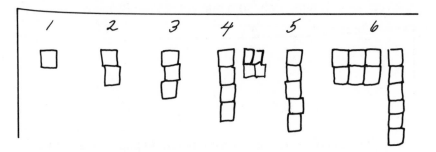

- En esta actividad hemos mencionado rectángulos, cuadrados y sus áreas. Sin embargo, los problemas que hemos presentado son realmente problemas de la multiplicación de enteros. Veamos por ejemplo el caso del número 4. ¿Cuántos problemas de multiplicación se te ocurren cuyo resultado es 4? Hay dos tales problemas, a saber, 1x4 y 2x2. Si examinas los rectángulos bajo el número 4 habrás de notar que uno de los dos rectángulos mide un cuadrado de ancho y 4 cuadrados de largo mientras que el otro mide 2 cuadrados tanto de ancho como de largo. Decimos que éstos son rectángulos 1x4 y 2x2 respectivamente.

- Puedes observar que los factores de 4 corresponden a los largos y los anchos de los rectángulos obtenidos, a saber, 1, 2 y 4. Estos mismos números son también los **divisores** de 4.

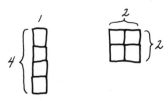

- Observa que cuatro es el segundo de los **números cuadrados.** Puedes notar que uno de los rectángulos bajo el cuatro tiene la forma de un cuadrado. ¿Cuál es el primero de los números cuadrados? Halla algunos otros números cuadrados (9,16, 25,...).

- A algunos de los números corresponde un solo rectángulo en forma de una franja larga de un cuadrado de ancho. Tales números son **primos** y tienen como únicos factores 1 y el propio número.

Ideas Adicionales

- Podrías hacer la recta numérica de tu familia tan larga como quieras o te sea posible. Es conveniente hacer una versión más pequeña de la franja en un papel de gráficas con cuadrados más pequeños.

- Estudia los números para descubrir otros patrones. por ejemplo,

  ¿Dónde aparecen los números que tienen rectángulos con tres cuadrados de ancho? ¿Cuántos números menores que 25 tienen más de 4 factores? ¿Cuáles factores son comunes a 25 y 30? ¿Cuál es el primer múltiplo común de 6 y 7 (es decir, el primer número que se puede dividir tanto por 6 como por 7) ?

Preparando un Equipo de Fracciones

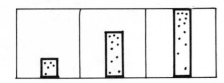

Nivel

Materiales

Lápiz

Tijeras

Franjas o cintas de papel de
construcción de 3"x18"

Para el Equipo I necesitas 4
franjas de diferentes colores

Para el Equipo II necesitas el
Equipo I y tres franjas
adicionales de diferentes
colores

Porqué

Para entender mejor el tamaño relativo de las fracciones al construir
representaciones físicas de las mismas.

>> *Cuando los niños más jóvenes aprenden los rudimentos de la
aritmética, se hace necesario explorar un gran número de
experiencias con objetos concretos (como por ejemplo cubos)
antes de que se pueda entender la diferencia entre tres*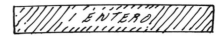
y cinco  *. De manera análoga la
representación física de las fracciones nos permite entender mejor
el tamaño relativo de las mismas.* <<

Cómo

Para preparar el Equipo I

* Toma cinco franjas de papel de diferentes colores. Junto a los
  niños compara las franjas de papel hasta que todos estén
  convencidos de que todas tienen el mismo largo. Comenta el dato
  de que cada franja representa **el entero** o **la unidad** y que la
  misma se habrá de recortar en partes o fracciones más pequeñas.

* Rotula una de las franjas utilizando la frase "1 ENTERO". Observa
  que a veces resultará conveniente utilizar una franja negra como el
  entero.

* Forma otra franja y dóblala a lo ancho cuidadosamente en dos
  partes iguales.

¿Cuántas secciones resultan cuando enderezas las franja
doblada? Enderézala y cuenta las secciones resultantes.

  • Rotula cada una de las partes obtenidas como 1/2 y recorta la
    franja a lo largo del doblez.

* Toma otra franja y dóblala por la misma mitad **dos** veces
  consecutivas.

¿Cuántas secciones observarás cuando endereces la franja?
Cuenta las secciones resultantes.

- Rotula cada una de las secciones así obtenidas como 1/4 y
  recorta la franja a lo largo de los dobleces.

* Toma otra de las franjas y dóblala por la mitad **tres** veces
  consecutivas.
  Procura hacer los dobleces con cuidado y exactitud.
  ¿Cuántas secciones crees que se obtienen? Cuéntalas.

- Rotula cada una de las secciones obtenida como 1/8 y
  recórtalas.

* Toma esta última franja y dóblala **muy** cuidadosamente por la
  mitad en cuatro ocasiones consecutivas. En esta ocasion marque
  cada sección resultante como 1/16.

* Escribe tu nombre en cada pieza de tu equipo de fracciones.

- Conserva las piezas de tu equipo de fracciones en un sobre o
  en una caja de zapatos.

- Así completamos la construcción del **Equipo I**. Los estudiantes
  de los grados primarios deberán trabajar con este equipo antes
  de construir el **Equipo II**.

Para preparar el Equipo II

* El Equipo II consiste del equipo I y las piezas que construirás a continuación con tres franjas de papel adicionales.

* Construye el Equipo I.

* Toma una franja y con un lápiz haz dos marcas a 6" y 12" de uno de los extremos. Dobla la franja a lo ancho en tales marcas.

  • Obtendrás de esta manera tres secciones.

  • Rotula las secciones como 1/3 y recórtalas a lo largo de los dobleces.

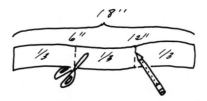

* Toma la próxima franja de papel, dóblala en tres partes iguales y luego dobla cada parte resultante en dos partes iguales.

  • ¿Cuántas secciones se obtienen?

  • Rotula las partes como 1/6 y recórtalas a lo largo de los dobleces.

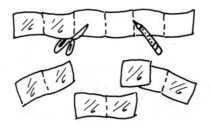

* Toma la última franja. Prepara sextos con ella y dobla cada uno por la mitad. Coseguirás así doce secciones.

  • Rotula cada sección como 1/12 y recórtalas a lo largo de los dobleces.

* Escribe tu nombre en todas las piezas del equipo de fracciones.

* Utiliza tu equipo de fracciones para comparar el tamaño relativo de las fracciones obtenidas, para la actividad del **Encubrimiento de Fracciones**, y otras actividades con fracciones.

Ideas Adicionales

• Las **fracciones equivalentes** se pueden ilustrar facilmente utilizando los equipos de fracciones construidos. Por ejemplo, 1 ENTERO claramente corresponde a 2/2, 3/3, 4/4, etc. Explora junto a los niños con otras fracciones equivalentes y utiliza las franjas para verificar los resultados. Haz un listado como se ilustra.

1/2 ES EQUIVALENTE A □/□ O □/□ O □/□

2/3 ES EQUIVALENTE A □/□ O □/□ O □/□

4/16 ES EQUIVALENTE A □/□ O 4/□

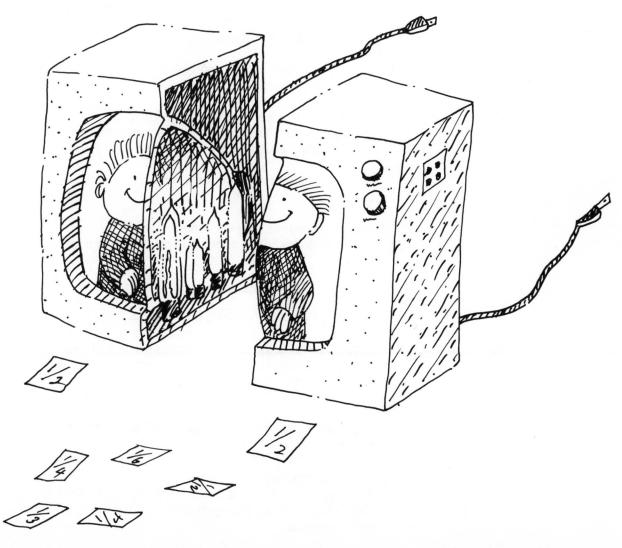

Juegos para Equipos de Fracciones

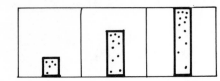

Nivel

Materiales

Un Equipo de Fracciones para

cada jugador

(Ver paginas 120-123.)

Un dado rotulado:

1/2, 1/4, 1/8, 2/8, 1/16, 2/16

para el Equipo I o

Un dado rotulado:

1/3, 1/4, 1/6, 1/8, 1/12, 1/16

para el Equipo II

Juegos para

2-6 jugadores

Porqué

Para practicar utilizando fracciones como las partes integrantes del entero, reconociendo los valores relativos de las fracciones e identificando fracciones equivalentes.

>>*Antes de que los niños puedan aprender a sumar, restar, multiplicar o dividir fracciones, es necesario que entiendan las relaciones existentes entre las distintas clases de fracciones.*

*Por ejemplo para efectuar la suma 1/6 + 2/3 es necesario entender que 2/3 representa la misma fracción que 4/6, o dicho de otro modo, que 2/3 **es equivalente** a 4/6. Quizá no resulte evidente el resultado de la suma de 1/6 y 2/3. Sin embargo, el resultado de la suma de 1/6 y 4/6 se reconoce facilmente como 5/6. Para cambiar **tercios** a **sextos** se requiere que podamos determinar un **denominador común** para las fracciones de la suma o, lo que es lo mismo, una fracción que sea parte simultánea de tercios y sextos.* <<

Cómo
Encubrimiento de fracciones.
• Comienza con la franja de "1 ENTERO" y colócala frente a ti sobre la mesa.

• Los jugadores se turnan para tirar el dado.

• Al consumir tu turno, la fracción que se indica en el dado se debe colocar sobre la franja de tu entero.

• Por ejemplo, si obtienes 1/4 al tirar el dado por primera vez, deberás colocar una fracción de 1/4 sobre la franja del entero como se indica en la figura.

• El primer jugador que cubra **exactamente** la franja del entero resultara ganador.

Resta de Fracciones con Intercambio
• Comienza cubriendo tu entero con dos fracciones de 1/2

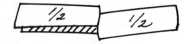

• Los jugadores se turnan para tirar el dado.

• Deberás restar la fracción que obtienes al tirar el dado. Nota que es posible que sea necesario intercambiar algunas fracciones antes de efectuar la resta. Por ejemplo, si obtienes 1/8 en tu primer tiro, deberás intercambiar 1/2 por 4/8 antes de restar 1/8.

• La primera persona que logre descubrir exactamente su entero será la ganadora.

Ideas Adicionales
• Junta dos equipos de fracciones e intenta cubrir diferentes cantidades. Podrias, por ejemplo, intentar cubrir dos enteros o un entero y medio.

Las Fracciones de Juana

Porqué

Para entender mejor las fracciones y los números mixtos.

>> *Los números mixtos son números que envuelven un entero y una fracción.* <<

Cómo

- Cada jugador toma de su equipo de fracciones el equivalente a 6 enteros. Se pueden escoger enteros, medios, tercios, cuartos, sextos, octavos, doceavos o dieciseisavos.

- Al comienzo de cada ronda, los jugadores apuestan si el jugador de turno tirará una cara o una cruz.

- Los jugadores deciden entre todos cuánto apostar en la ronda. Por ejemplo, podrían apostar 2 1/4. Cada jugador coloca sobre la mesa la cantidad apostada con las piezas de fracciones correspondientes y anuncia su preferencia: cara o cruz.

- El jugador de turno tira la moneda.

- El jugador de turno divide por igual la cantidad apostada entre todos los ganadores. Los ganadores deberán cotejar que han recibido exactamente lo que les corresponde.

- Si se comete algún error, el jugador de turno pagará una multa de 1/4 de la cantidad apostada en su próximo turno. La multa se añade a la cantidad apostada.

- Si la cantidad apostada no se puede dividir en partes iguales entre los ganadores, las piezas extras se dejan sobre la mesa para la próxima apuesta. Antes de dejar piezas sobre la mesa se deberá intentar cambiar las mismas por su equivalente en piezas más pequeñas que se puedan dividir equitativamente. Por ejemplo, si queda 1/4 con tres ganadores se podrá canjear 1/4 por 3/12 y repartir 1/12 a cada ganador.

- El jugador de turno continúa por un cierto número de rondas que se acuerda de antemano, por ejemplo 5 ó 10. Tambien se podría acordar un tiempo límite para cada jugador, por ejemplo 15 o 20 minutos. Desde luego el juego termina si uno de los jugadores gana todas las piezas de los otros jugadores.

Nivel

Materiales

Equipo de fracciones para cada jugador
(Ver página 120-123)
Monedas de un centavo

Un juego para 3-8 jugadores

Coloca los Dígitos

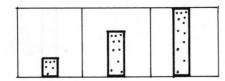

Nivel

Materiales

Lápices o bolígrafos

Papel

Dados, agujas giratorias o
   una baraja americana

Un juego para
2 jugadores

Porqué

Para entender mejor el valor de posición o valor relativo de los dígitos
   de nuestro sistema decimal.

>> Esta actividad constituye una buena introducción a las actividades
sobre dígitos ausentes y sirve para familiarizar a los niños con las
formas en que varía el valor de los números al asignar dígitos a las
diferentes posiciones. <<

Cómo

• Utiliza un dado o una aguja giratoria con los dígitos del 0 al 9.
  (Podrías también utilizar las cartas de una baraja del as al diez,
  contando el as como 1 y el diez como 0, y devolviendo a la baraja
  las cartas que van saliendo.)

• Cada jugador dibuja tres encasillados en una hoja de papel.

• Un jugador dirige el juego. El mismo tira el dado y anuncia el
  dígito obtenido.

• Cada participante deberá anotar el número obtenido en uno de los
  tres encasillados.

• No se pueden efectuar cambios luego de anotado un dígito.

• El jugador que dirige el juego tira el dado en dos ocasiones
  adicionales y anuncia los dígitos obtenidos. En cada ocasión los
  jugadores colocan el dígito anunciado en un encasillado vacío.

• Cada jugador lee el número de tres dígitos que ha obtenido. El
  jugador con el número mayor gana el juego.

• Repite el juego tantas veces como se desee, tomando turnos los
  jugadores para dirigir el mismo.

Ideas Adicionales

• Se podría jugar para obtener el número más pequeño o el más
  cercano a un número dado, como por ejemplo 500.

• Se podría utilizar el dado o la aguja giratoria, en una ocasión
  adicional y permitir que cada jugador rechace uno de los dígitos
  obtenidos.

 encasillado para el dígito rechado

• Utiliza encasillos adicionales para formar números de cuatro o
  cinco dígitos.

• Utiliza los dígitos para formar fracciones.

• La fracción menor podría ser la ganadora.

Encuentra los Dígitos

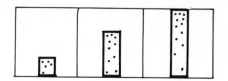

Porqué

Para practicar identificando los números a base de la posición que ocupan en un enunciado matemático.

>> *Esta actividad contribuye a entender mejor la idea de **valor de posición o valor relativo**. Por ejemplo, en el problema de resta 85-37 es importante reconocer que el 7 se debe restar del 5, de suerte que se hace necesario tomar prestada una decena o 10 unidades del 8 para entonces restar 7 de 15.*

Los problemas con dígitos ausentes sirven para probar si los niños entienden bien las operaciones aritméticas de la suma, la resta, la multiplicación y la división. Estos problemas aparecen con frecuencia en ciertos tipos de exámenes. <<

Nivel

Materiales

Varios conjuntos de cuadrados con los números del 0 al 9

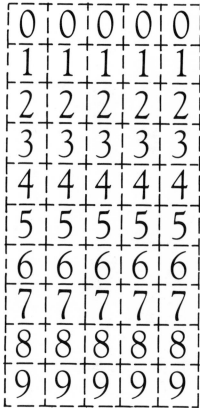

Cómo

• Narra la siguiente historia a tu familia:

> Un cierto día Susana y Antonia decidieron ir a visitar a su buena amiga la Tía Bebe. Cuando llegaron a la casa de la Tía Bebe, ésta última las recibió con una cara larga llena de consternación. Al Susana y Antonia preguntar a la Tía Bebe por su estado de ánimo, esta última les relato el siguiente incidente: Un buen amigo de la Tía Bebe le había llevado a ésta una gran hoja de papel llena de interesantes problemas aritméticos todos debidamente resueltos. ¡Algo terrible le ocurrió a la hoja! Cuajinais, el perro de la Tía Bebe regresó mojado de la piscina y se sacudió sobre la hoja que contenía los problemas, borrando así muchos de los dígitos.

> La Tía Bebe estaba desesperada sin saber qué hacer para restituir los dígitos borrados que tanto trabajo habían significado para su amigo. Desde luego, Susana y Antonia ofrecieron su ayuda a la Tía Bebe para recobrar los dígitos perdidos. Trabajando juntas pudieron dar con todos los dígitos desaparecidos. ¿Puedes tu hacer lo mismo?

• Recorta los cuadrados con los dígitos para que estén disponibles para la actividad; es más conveniente **mover** los cuadrados sobre los problemas que **escribir** los números corriendo el riesgo de tener que borrar algunos de ellos. Así el trabajo resultará más limpio y no necesitaremos goma de borrar.

- Cuando se coloquen todos los dígitos en un problema dado discute las razones que justifican la posición de cada dígito. He aquí un ejemplo:

$$
\begin{array}{r}
5\ 6\ \square \\
+\ 7\ \square\ 1 \\
\hline
\square\ 3\ 0\ 8
\end{array}
$$

- ¿Cuál número corresponde al cuadrado superior? (Tiene que ser 7 ya que 7 + 1 = 8.)

- ¿Cuál número va en el cuadrado entre el "7" y el "1"? (Tiene que ser 4 ya que 6 + 4 = 10.)

- Se desprende de la discusión anterior que el cuadrado en la parte inferior deberá contener un "1" ya que 5 + 7 + 1 = 13. El dígito "1" surge cuando se lleva 1a próxima columna.

- Intenta los siguientes problemas:

$$
\begin{array}{r}
1\ 4\ \square\ 0 \\
-\ 7\ 5\ 4 \\
\hline
7\ 1\ \square
\end{array}
\qquad
\begin{array}{r}
3\ \square \\
\times\ 5 \\
\hline
1\ \square\ 5
\end{array}
\qquad
\begin{array}{r}
2\ 8 \\
+\ 3\ \square \\
\hline
\square\ 1
\end{array}
$$

- Los niños deben trabajar contigo o juntos entre ellos al intentar resolver los problemas de la próxima página.

Ideas Adicionales

- Procura que los niños preparen sus propios problemas de dígitos ausentes. Se podría comenzar por escribir algún problema aritmético y dibujar cuadrados alrededor de algunos de los dígitos (¡Pero no muchos al comenzar!). Luego escribe nuevamente el problema omitiendo los dígitos correspondientes a los cuadrados.

Por ejemplo:

$$
\begin{array}{r}
3\ 8\ 2 \\
-\ 7\ 4 \\
\hline
3\ 0\ 8
\end{array}
\qquad
\begin{array}{r}
3\ \boxed{8}\ \boxed{2} \\
-\ 7\ 4 \\
\hline
\boxed{3}\ 0\ 8
\end{array}
\qquad
\begin{array}{r}
3\ \square\ \square \\
-\ 7\ 4 \\
\hline
\square\ 0\ 8
\end{array}
$$

Procura que los niños verifiquen que los problemas obtenidos se pueden resolver y repártelos entre ellos para que intenten resolverlos. ¿Encuentras algún problema con más de una posible solución?

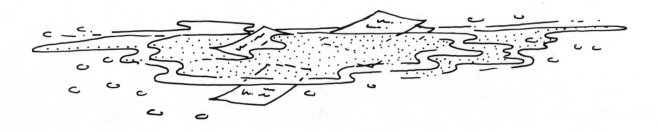

Encuentra los Dígitos Suma y resta

```
    5  1  8              1  7  3             □  2  7
  + 3  □  3            + □  4             + 5  9  □
  ─────────            ─────────          ─────────
    □  6  1              2  6  7             1  5  □  1
```

```
  1  2  □  2            1  □  6             2  5  3  2
  − 4  3  3            − 5  □             − □  8  1  □
  ─────────            ─────────          ─────────
    8  5  □            □  3  4             □  1  6
```

```
    6  5  □              6  4  □           □  0  3  5
  + 8  □  5            − □  □  8          − 6  3  □
  ─────────            ─────────          ─────────
  1  5  0  8            3  4  9             3  □  8
```

```
    5  7  □              8  □  2           □  □  5  3
      □  6              □  4  6             5  3  7
  + 2  4  3          +        □          + 6  □  2
  ─────────            ─────────          ─────────
    □  9  6            □  3  8  4          4  8  9  □
```

Encuentra los Dígitos Suma, Multiplicación y División

$$
\begin{array}{r}
3\ \square \\
\times\ 3 \\
\hline
\square\ 0\ 5
\end{array}
$$

$$
\begin{array}{r}
3\ 5\ \square\ 5 \\
8\ 1\ \square \\
+\ \square\ 6\ 7 \\
\hline
\square\ 2\ 2\ 6
\end{array}
$$

$$
\begin{array}{r}
\square\ \square \\
\times\ 7 \\
\hline
9\ 8
\end{array}
$$

$$
\begin{array}{r}
\square\ 4\ \square \\
\times\ 3 \\
\hline
4\ 4\ 4
\end{array}
$$

$$
\begin{array}{r}
6 \\
8\,\overline{)\ \square\ \square} \\
\square\ \square \\
\hline
0
\end{array}
$$

$$
\begin{array}{r}
\square\ 2 \\
7\,\overline{)\ 2\ \square\ 4} \\
2\ 1 \\
\hline
\square\ 4 \\
\square\ 4 \\
\hline
\end{array}
$$

$$
\begin{array}{r}
6\ 4 \\
5\,\overline{)\ \square\ 2\ 0} \\
\square\ \square \\
\hline
\square\ \square \\
\square\ \square \\
\hline
0
\end{array}
$$

Encuentra los Dígitos Suma y Resta

Contestaciones

```
   5  1  8          1  7  3          9  2  7
+  3  4  3       +  9  4        +  5  9  4
───────────      ──────────      ──────────────
   8  6  1          2  6  7       1  5  2  1


   1  2  9  2       1  8  6          2  5  3  2
-     4  3  3     -    5  2      -  1  8  1  6
──────────────    ──────────      ──────────────
      8  5  9         1  3  4        7  1  6


      6  5  3          6  4  7       1  0  3  5
+     8  5  5     -    2  9  8     -    6  3  7
──────────────    ──────────      ──────────────
   1  5  0  8          3  4  9       3  9  8


      5  7  7          8  3  2       3  7  5  3
         7  6          5  4  6          5  3  7
+     2  4  3     +          6     +  6  0  2
──────────────    ──────────────   ──────────────
      8  9  6       1  3  8  4       4  8  9  2
```

Contestaciones

$$
\begin{array}{r}
3\;[5] \\
\times\quad 3 \\
\hline
[1]\;0\;5
\end{array}
$$

$$
\begin{array}{r}
3\;5\;[4]\;5 \\
8\;1\;[4] \\
+\;[8]\;6\;7 \\
\hline
[5]\;2\;2\;6
\end{array}
$$

$$
\begin{array}{r}
[1]\;[4] \\
\times\quad 7 \\
\hline
9\;8
\end{array}
$$

$$
\begin{array}{r}
[1]\;4\;[8] \\
\times\quad\; 3 \\
\hline
4\;4\;4
\end{array}
$$

$$
[5] \\
\begin{array}{r}
6 \\
8\,\overline{)\,[4]\,[8]} \\
[4]\,[8] \\
\hline
0
\end{array}
$$

$$
\begin{array}{r}
[3]\;2 \\
7\,\overline{)\,2\;[2]\;4} \\
2\;1 \\
\hline
[1]\;4 \\
[1]\;4 \\
\hline
\end{array}
$$

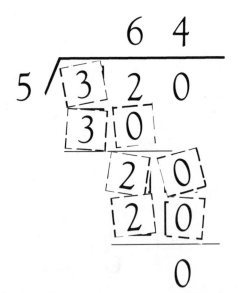

$$
\begin{array}{r}
6\;4 \\
5\,\overline{)\,[3]\;2\;0} \\
[3]\;0 \\
\hline
[2]\;0 \\
[2]\;0 \\
\hline
0
\end{array}
$$

- Instruye a los niños para que escojan tres de los dígitos que
  aparecen en los cuadrados, digamos 1, 2, y 3.
  Arregla los dígitos de todas las formas posibles, encontrando así
  todos los problemas aritméticos que envuelven a tales dígitos.
  Utiliza la suma, la resta, la división o la multiplicación y determina
  los resultados correspondientes.
  Por ejemplo, considera los siguientes problemas:

$$
\begin{array}{r}
1\ 2 \\
\times\ 3 \\
\hline
3\ 6
\end{array}
\qquad
\begin{array}{r}
1\ 3 \\
-\ 2 \\
\hline
1\ 1
\end{array}
\qquad
\begin{array}{r}
3\ 1 \\
+\ 2 \\
\hline
3\ 3
\end{array}
$$

Estos problemas se convierten en:

   Utiliza 1, 2 ó 3 para llenar los cuadrados:

$$
\begin{array}{r}
\square\ \square \\
\times\ \square \\
\hline
3\ 6
\end{array}
\qquad
\begin{array}{r}
\square\ \square \\
-\ \square \\
\hline
1\ 1
\end{array}
\qquad
\begin{array}{r}
\square\ \square \\
+\ \square \\
\hline
3\ 3
\end{array}
$$

¿Qué otras combinaciones de dígitos se te ocurren para 1, 2, y 3?

Utiliza otros números como 3, 5 y 7 y prepara los problemas
correspondientes.

- Intenta redactar otros problemas con fracciones decimales y
  porcientos. Por ejemplo:

  10% de □50 = 15   ó
  1/□ de 2□ = 8   ó
  23.□ + 5.2 = □8.7

Ensalada de Tres Tipos de Frijoles

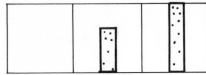

Nivel

Materiales

Tres tipos de frijoles secos:

    rojos

    negros

    habas

Platos o vasos de cartón para

    guardar frijoles

Porqué

Para practicar trabajando con razones y proporciones.

>> *El lenguaje de las razones y las proporciones es muy importante en la matemática. Una **razón** es una relación numérica entre dos cantidades obtenida mediante la división de una cantidad por la otra y expresada usualmente como una fracción o un porciento. Por ejemplo, un negocio podría determinar la razón de activos a obligaciones dividiendo el valor de los activos por el de las obligaciones.*

>> *En la geometría la razón de la circunferencia de un círculo al diámetro del mismo siempre tiene el mismo valor de π, o pi, y es aproximadamente 3.1416.*

>> *Una **proporción** es un enunciado sobre la igualdad de dos razones. Por ejemplo la razón 1/2 es la misma que la razón 3/6 o la razón 2/4, de suerte que 1/2 = 3/6 y 1/2 = 2/4 son ejemplos de proporciones. Si tres números de una proporción son conocidos, entonces es posible determinar el número restante; en muchas ocasiones este número es la incognita de en los problemas del Algebra. <<*

- La sección que sigue presenta algunos problemas del Algebra los cuales, a pesar de ser moderadamente complicados, se pueden resolver por tanteo y error utilizando frijoles.

Cómo

- **Los tres tipos de frijoles se tienen que utilizar en cada tipo de ensalada.**

- Los niños se deben instar a que adivinen primeramente y que luego hagan los ajustes necesarios. Se deben utilizar frijoles para resolver los problemas propuestos.

- En cada ensalada debes determinar el número necesario de frijoles de cada tipo.

Ensalada de Tres Tipos de Frijoles

Los tres tipos de frijoles se tienen que utilizar en cada tipo de ensalada.

1

Esta ensalada contiene:
2 habas
El doble de frijoles rojos que de
 habas.
Un total de 10 frijoles.

2

Esta ensalada contiene:
4 frijoles rojos.
La mitad de frijoles negros que
 de frijoles rojos.
10 frijoles en total.

3

Las habas constituyen la mitad
 de la ensalada.
La ensalada tiene dos frijoles
 rojos.
El número de habas es el doble
 que el número de frijoles rojos.

4

Esta ensalada contiene:
El mismo número de habas
 y frijoles rojos.
Tres frijoles negros más que
 frijoles rojos.
Un total de 18 frijoles.

5

Esta ensalada contiene 12 frijoles.
La mitad de los frijoles son rojos.
Las habas constituyen 1/4 parte de
 la ensalada.

6

Esta ensalada contiene al menos
 12 frijoles.
Contiene un haba más que frijoles
 rojos.
Contiene un frijol rojo más que
 frijoles negros.

7

Esta ensalada contiene:
El triple de frijoles rojos que de
 frijoles negros.
Un haba más que frijoles rojos.
Un total de 8 frijoles.

8

Esta ensalada contiene:
Un número igual de frijoles rojos
 y negros.
5 habas más que frijoles rojos.
No más de 20 frijoles.

Prepara una ensalada diferente.
Escribe las instrucciones para que otra persona prepare tu ensalada.

Gorp

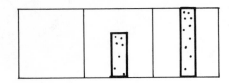

Nivel

Materiales

Hoja de anotaciones
   de Gorp
3 dados
Lápiz

*Un juego para
2 o más jugadores
o equipos*

Porqué

Para entender mejor las razones y las proporciones.

>> *Esta actividad utiliza la probabilidad y promueve la práctica de la planificación a largo plazo.* <<

Cómo

• Primero el juego se deberá jugar entre todos.

• Lee las instrucciones de la hoja de Gorp a tu familia.

Una tienda de artículos para acampar distribuye un alimento liviano que puede incluir cacahuates, pasas, rebanadas de plátano y de melocotones secos y almendras. Cada envase de alimento contiene tres de los ingredientes. En este juego tiraremos los dados para determinar el peso en onzas de cada uno de los tres ingredientes en el envase. Tu decidirás el número de envases que se prepararán con tales ingredientes. Se recomienda utililzar el máximo posible de tres ingredientes durante los turnos que te correspondan. Todo jugador será penalizado por los ingredientes que le sobren.

Instrucciones Adicionales

• Cada jugador comenzará con un total de $50 de los ingredientes para confeccionar el Gorp: 100 onzas de cacahuates; 100 onzas de pasas; 100 onzas de plátano seco; 50 onzas de melocotones secos; y 50 onzas de almendras.

• En su turno cada jugador tirará tres dados para determinar las cantidades de ingredientes para sus envases de Gorp.

• Cada envase de Gorp contiene sólo **tres** de los cinco ingredientes.

• La meta del juego consiste en terminar con la menor cantidad posible de ingredientes sobrantes luego de cuatro turnos. La persona que termine con los sobrantes de menor valor será la ganadora ya que tendrá la menor pérdida en materiales no utilizados.

• El tiro de los dados determina las onzas de cada material que se mezclará en los envases escogidos para el turno corriente.

• El jugador escoge los ingredientes que necesite utilizar y el número de envases completos que preparar en cada ronda.

• No se admiten partes fraccionales de un envase.

• Un jugador no podrá utilizar una cantidad de algun ingrediente mayor a la cantidad que tenía inicialmente.

• Si algún jugador no puede completar un solo envase durante su turno, deberá anotarse un cero por esa ronda.

• He aquí un ejemplo de la primera ronda:

  • Supón que obtienes 2, 3 y 5 al tirar los dados. Anota estos números en la hoja de anotaciones bajo "Ronda 1" justo al lado de Tiros __ __ __." Puedes utilizar 2 onzas de un ingrediente, 3 de un segundo ingrediente, y 5 de un tercer ingrediente. Estos ingredientes se mezclarán en los envases correspondientes a esta ronda.

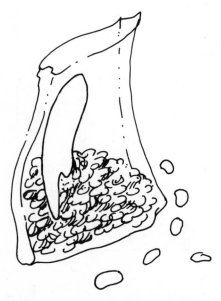

- Puedes escoger los ingredientes a gusto, siempre y cuando tengas suficientes cantidades de éstos.

- Supón que decides utilizar 2 onzas de almendras, 3 de melocotones secos y 5 de pasas.

- Anota las abreviaturas correspondientes en la hoja de anotaciones al lado de los números 2, 3 y 5.

- Escoge ahora el número de envases a llenar. Supongamos que decides llenar 8 envases.

- Calcula la cantidad de cada ingrediente que necesitas multiplicando 8 por el número de onzas utilizadas por envase.

- Los números resultantes se anotan en el espacio provisto a continuación en la hoja de práctica. Resta las cantidades utilizadas antes de tu próximo turno.

Cantidades Initiales	Cacahuates 100	Pasas 100	Plátanos 50	Melocotones 50	Almendras 50
Ronda 1 A M Pa Tiro 2 3 5 8 Envases	___	40	___	24	16
Ingredientes sobrantes:	100	60	100	26	34
Ronda 2 Tiro __ __ __ ___Envases	___	___	___	___	___
Ingredientes sobrantes:	___	___	___	___	___
Ronda 3...					

- En tu próximo turno vuelves nuevamente a decidir los ingredientes a utilizar (siempre y cuando tengas suficientes) y procede de la misma manera.

- Luego de completar cuatro turnos, deberás de tener los sobrantes mínimos posibles. Sufrirás una pérdida correspondiente al costo de los ingredientes sobrantes.

- Continúa jugando en grupo hasta que los niños tengan suficiente confianza para jugar individualmente.

Hoja de Anotaciones de Gorp

* Una tienda de artículos para acampar distribuye un alimento liviano que puede incluir cacahuates, pasas, rebanadas de plátano y melocotones secos, y almendras. Cada envase contiene tres ingredientes.

* Tira los dados para determinar el número de onzas de cada ingrediente a utilizar en cada envase.

* Decide el número de envases a preparar con los ingredientes escogidos.

* Utiliza tantos ingredientes como te sea posible en cuatro turnos.

* Se te penalizará por los ingredientes sobrantes.

Cantidades	Cacahuates	Pasas	Plátanos	Melocotones	Almendras
Iniciales	100	100	50	50	50
Ronda 1 Tiro___ ___ ___ _____Envases	_____	_____	_____	_____	_____
Ingredientes sobrantes:	_____	_____	_____	_____	_____
Ronda 2 Tiro ___ ___ ___ _____Envases	_____	_____	_____	_____	_____
Ingredientes sobrantes	_____	_____	_____	_____	_____
Ronda 3 Tiro ___ ___ ___ _____Envases	_____	_____	_____	_____	_____
Ingredientes sobrantes	_____	_____	_____	_____	_____
Ronda 4 Tiro ___ ___ ___ _____Envases	_____	_____	_____	_____	_____
Ingredientes sobrantes	_____	_____	_____	_____	_____

Para calcular la puntuación final, calcula el costo de los ingredientes sobrantes.

Cacahuates _____oz. a 10¢_____
Pasas _____oz. a 10¢_____
Plátanos _____oz. a 20¢_____
Melocotones _____oz. a 20¢_____
Almendras _____oz. a 20¢_____

Costo total de los ingredientes sobrantes: _____

Capítulo VI

PROBABILIDAD
Y
ESTADÍSTICA

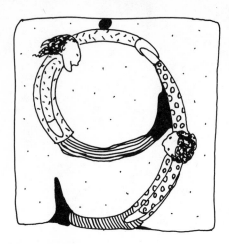

Materiales

Hoja grande de papel para
  hacer gráficas

Hojas de papel más pequeñas
  de diferentes colores

Papel de práctica

Papel de gráficas
  (Ver páginas 79-82)

Plumas y lápices

Tijeras

Pega y cinta adhesiva

Dados

Bloques en forma de cubos

Cartulina para construir agujas
  giratorias

Regla

Presillas

Frijoles

Tablero de damas

Marcadores

Tarjetas 3" x 5"

Probabilidad y Estadística

La Probabilidad y la Estadística son dos de las ramas de la matemática más útiles en la vida cotidiana. Estas nos ayudan a entender el mundo que nos rodea y a organizar la información en formas en que podemos entenderla más fácilmente.

Por ejemplo, si la compañía Camisa Linda quisiera determinar el largo que deben tener las mangas de las camisas que confeccionan y no conociera el largo de los brazos de las personas, entonces la compañía aplicaría un poco de Probabilidad y Estadística para resolver el problema. Sería una tarea imposible la de medir los brazos de **todas** las personas. Sin embargo, si se toma una buena muestra de personas, es muy **probable** que la mayoría de las personas que compran camisas tengan brazos con los mismos largos y con la misma distribución que las personas en la muestra.

Primeramente la compañía enviaría a alguien a hablar con muchas personas. La persona que realiza la encuesta probablemente trabajaría con una hoja de cotejo que se parece a la que sigue:

26	27	28	29	30	31	32	33
	/	//			/	/	/////

Luego de la encuesta, se prepararía una gráfica estadística para presentar la información recopilada. La misma podría ser algo así:

Largo de brazos (en pulgadas)	X = 10 personas
26	XX
27	X
28	XXXXXXX
29	X
30	
31	X
32	XX
33	XXXXXXXX
34	
35	X

Realmente una compañía como esta haría una encuesta con muchas más personas que las que se muestran aquí. Hemos mantenido los números pequeños para facilitar así la explicación.

Este es uno de muchos posibles ejemplos. Podríamos querer saber la probabilidad de ganar la rifa de la escuela o la probabilidad de lluvia mañana. Los científicos espaciales deben calcular la probabilidad de que una nave espacial no choque con algún meteoro u otro objeto espacial. Las empresas de negocios revisan las estadísticas constantemente para poder así determinar patrones y hacer predicciones.

La Probabilidad y la Estadística tradicionalmente no han constituido una parte sustancial del currículo de los niveles escolares elemental y medio. Sin embargo, muchos educadores creen, que los temas de estas disciplinas son de los más importantes que los niños deben conocer y que los mismos proporcionan formas interesantes de aprender y utilizar la Aritmética.

En esta sección hemos incluido actividades que sirven para desarrollar un mejor entendimiento de los conceptos básicos de la Probabilidad y la Estadística sin entrar en mucha de la terminología técnica y complicada. Sí utilizamos, sin embargo, algunas de las palabras del vocabulario de la Probabilidad y la Estadística, tales como **media, mediana** y **moda**. Esto lo hacemos cuando resulta apropiado y cuando la explicación del significado de tales palabras se pueden incluir en el contexto en que se utilizan. Aquí presentamos un pequeño anticipo de las definiciones:

- **media** es sinónimo de **promedio.** Para las mangas de camisas mencionadas anteriormente, la media se obtendría multiplicando primero el número de personas en cada categoría por la longitud de manga correspondiente, luego sumando los resultados obtenidos y finalmente dividiendo el total por 250, es decir, el número total de personas consideradas en la encuesta. La media es de 30 pulgadas.

- **mediana** es el número que ocuparía el lugar del medio si los resultados se ordenaran del menor al mayor. En nuestra gráfica de largos de mangas la mediana es 31 pulgadas. Una forma fácil de determinar este número se consigue eliminando en sucesión una X de abajo y luego una de arriba. Continuamos este proceso hasta que sólo reste una X. La X restante corresponde al número que representa la mediana.

- **moda** es la medida que ocurre con mayor frecuencia. Vemos que para los largos de mangas de camisa hay dos modas ya que las longitudes de 28 y 33 pulgadas tienen el número mayor de marcas. Decimos que esta es una **distribución bi-modal.**

Cada una de estas ideas reviste importancia por diferentes razones. La media sería útil al calcular el número de yardas de materiales a comprar para la manufactura de las camisas. La mediana podría ser importante para decidir como calibrar la maquinaria para cortar la tela. La moda es ciertamente útil en la determinación del tipo de persona que compre con mayor probabilidad.

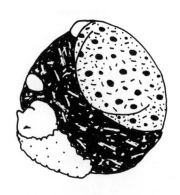

Graficando

La gráfica que hemos utilizado se conoce como una gráfica de barras ya que los resultados se asemejan a barras. Hay muchos otros tipos de gráficas como gráficas circulares, gráficas ilustradas, gráficas de rectas, etc. Algunas de éstas se ilustran en la próxima actividad.

Graficar es una forma de organizar datos, de registrar información y de proveer contestaciones fáciles de comprender a algunas preguntas. Las gráficas podrían servir simplemente para comparar dos grupos o podrían describir situaciones más complejas. Los pasos para graficar son los siguientes:

- Decide qué preguntar.

- Piensa en los posibles resultados.

- Recopila los datos.

- Organiza la información para hacer la gráfica.

- Muestra la información mediante la gráfica.

- Interpreta la gráfica con aseveraciones y preguntas.

Las gráficas pueden diferir en la forma en que muestran la información:

Gráfica realista. Utiliza objetos de la vida real tales como zapatos, juguetes y frutas.

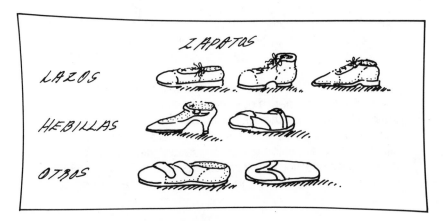

Gráfica ilustrada. Utiliza ilustraciones o modelos para representar los objetos reales.

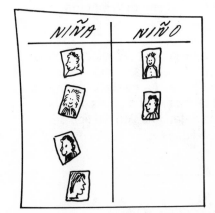
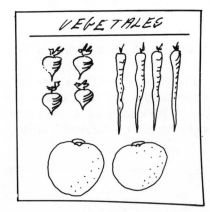

Gráfica simbólica. Utiliza símbolos para representar los objetos reales.

HAS ASISTIDO AL PARQUE DEL NORTE

SÍ   NO

LINDA

ALBERTO

MAMÁ

TÍA JUAN

PAPÁ

PEDRO

TÍA BEBA

ABUELA

MARÍA

¿CUÁL ES TU FRUTA PREDILECTA?

Las gráficas también pueden diferir en su forma:

Gráficas circulares

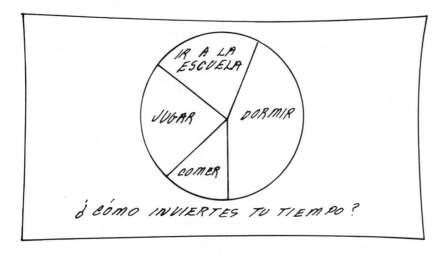

IR A LA ESCUELA

DORMIR

JUGAR

COMER

¿CÓMO INVIERTES TU TIEMPO?

Gráficas de líneas

ALTURA DE LA PLANTA

1 2 3 4 5 6 7 8 9 10

DÍAS

LA PLANTA DE JUAN

MANZANAS! PERAS

Una excelente fuente para observar tablas y gráficas lo es el periódico diario. Por ejemplo, el mapa del tiempo es un tipo de gráfica ilustrada que organiza la información de manera que sea fácil de ver y entender con sólo un vistazo. La sección del tiempo podría incluir además tablas de las temperaturas en distintos lugares del país. La sección de negocios del periódico contiene con frecuencia muchas tablas y gráficas ya que las personas de negocios están acostumbradas a utilizar diariamente esta forma de presentación de información.

Esperamos que tú y tus niños puedan encontrar el mundo interesante de la Probabilidad y la Estadística para explorar y unirse así a los científicos y las personas de negocios quienes miran las cosas a través del "cristal de las gráficas".

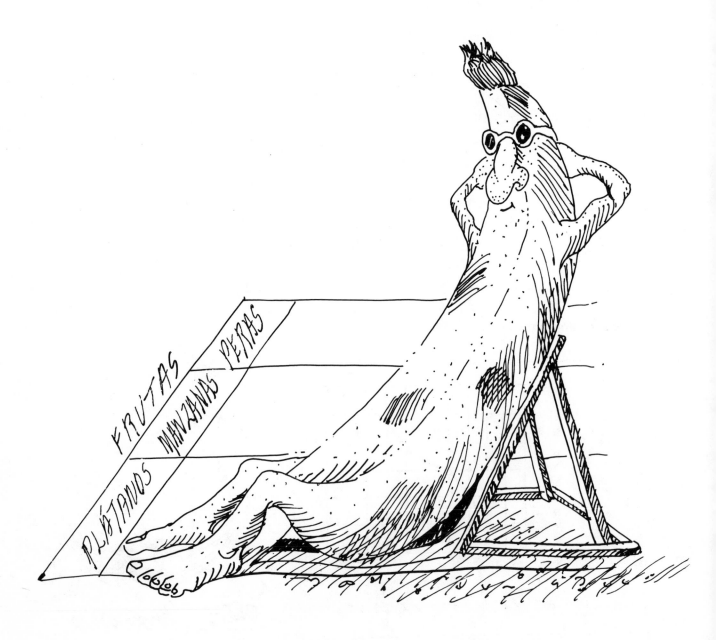

Graficando Información

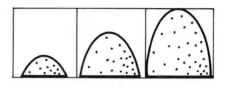

Porqué
Para practicar recopilando información y organizándola en forma de gráficas.

Cómo
- Presta ayuda a tu niño o niña para que escoja uno de los temas que aparecen en la próxima página. Puedes inventar un tema propio para efectuar una encuesta.

- Discute las formas en que tú y tu niño recopilarán la información necesaria. ¿A quienes le preguntarán? ¿Quien estará a cargo de organizar las contestaciones? ¿Quien habrá de verificar que no se interrogue a una misma persona en más de una ocasión?, etc.

- Luego recopila las contestaciones a tus preguntas. Es preferible que efectúes la encuesta interrogando por lo menos a diez personas diferentes; si puedes interrogar más de diez sujetos, mejor aún.

- Prepara una gráfica que represente la información recopilada. Utiliza uno de los tipos de gráficas que se muestran en las páginas 142 y 143, o inventa tu propio tipo de gráfica. Utiliza grandes trozos de papel para mostrar tu gráfica. Además, utiliza plumas de fieltro o figuras recortadas de papel para mostrar tus cuentas. Tu gráfica deberá ser agradable a la vista y fácil de entender.

- Pide a cada persona que examine tu gráfica, que escriba algún comentario sobre la gráfica en forma de una oración. Transforma las oraciones a preguntas y colócalas sobre la gráfica. Por ejemplo, si has preparado una gráfica sobre la fruta favorita de las personas, alguien podría escribir la siguiente oración: "Las personas gustan más de las manzanas que de las peras." Esta oración se podría transformar a la siguiente pregunta: "¿Cuál es la diferencia entre el número de personas que escogieron manzanas y el número que escogieron peras?"

- Pide a otros que contesten las preguntas que aparecen en tu gráfica.

Nivel

Materiales
Un gran trozo de papel

Plumas

Lápices

Papel de diferentes colores

Tijeras

Pega

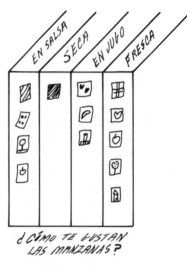

¿CÓMO TE GUSTAN LAS MANZANAS?

>> *Hal Saunders (Ver la página 312) , un maestro de matemática de Santa Barbara, realizó una encuesta entre cien personas con profesiones y vocaciones distintas. Más de dos terceras partes de las personas preguntadas manifestaron que utilizaban gráficas estadísticas en su trabajo. Los niños necesitan poder preparar, leer e interpretar gráficas para ser consumidores y ciudadanos bien informados. <<*

Más Ideas
- Grafica la información obtenida en más de una forma.

- Halla la moda, la media y la mediana (si es apropiado) de tu gráfica. Puedes revisar la introducción al capítulo donde aparecen las definiciones de estos términos.

- Examina libros y periódicos en busca de diferentes tipos de gráficas. Prepara un catálogo de todos los tipos de gráficas que encuentres.

Temas de Encuestas

1. ¿Cuántos hermanos tienes? ¿Cuántas hermanas?

2. ¿Cuánto tienes que viajar para ir a la escuela?

3. ¿Cuál es la primera letra de la calle donde vives?

4. ¿Vives en una calle, avenida, boulevard, callejón, o camino vecinal?

5. ¿En que país naciste?

6. ¿Cuántas letras tiene tu nombre? ¿Tu apellido?

7. ¿Cuál es tu color favorito?

8. ¿Cuál es el largo de tu uña del dedo pulgar?

9. ¿Cuánto calzas?

10. ¿Qué día de la semana naciste? (Puedes hallar un calendario en la guía telefónica o llamar a la biblioteca pública.)

11. ¿Cuál es la última letra de tu nombre? ¿De tu apellido?

12. ¿Qué te gustaría ser cuando seas adulto?

13. ¿Cuál es el último dígito de tu teléfono?

14. ¿Cuál es el tercer dígito de tu teléfono?

15. ¿Cuál es el sabor de tu helado predilecto? (Puedes pedir a los entrevistados que escojan entre vainilla, chocolate y fresa.)

16. ¿Quién es tu cantante favorito?

17. ¿Cuál es tu mascota favorita?

18. ¿A que hora te acostaste anoche?

19. ¿Qué desayunaste?

20. ¿Cuántos tíos y tías tienes?

Matemática a Media Luz

Porqué
Para entender mejor la medida matemática de la **media** o **promedio**.

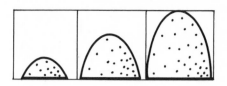

>>*La media se determina sumando todas las medidas o valores numéricos y dividiendo el resultado así obtenido por el número total de cantidades envueltas. La media es un ejemplo de una medida estadística de **tendencia central**. Otras medidas de este tipo son la moda y la mediana.* <<

Nivel

Materiales
Un dado

Bloques cúbicos o cuadrados
de papel

Una hoja de papel para cada
persona

Cómo
- El propósito de esta actividad es el de determinar la media de los valores obtenidos al tirar un dado en cinco ocasiones.

- Cada persona tira el dado en su turno y toma tantos cuadrados de papel o bloques como indique el número obtenido.

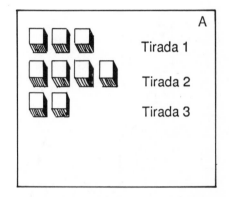

- Coloca los bloques o los cuadrados de papel en filas comenzando en el margen superior del papel. Cada tirada del dado se deberá representar mediante una nueva fila sobre la hoja de papel como se indica.

- Se continúa tirando los dados en turno hasta que los jugadores completen cinco tiradas y cinco filas.

- Para determinar la **media** o **promedio** procura nivelar el largo de todas las filas moviendo los bloques o cuadrados de una fila a otra. Cerciórate de que siempre tengas un total de cinco filas.

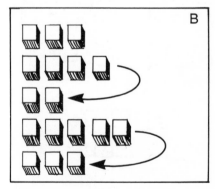

- Si sobran algunos bloques o cuadrados, colócalos al lado de las filas niveladas.

- ¿Cuál es el **valor medio** o **media** de los números obtenidos por cada persona? ¿Tienen valores cercanos las medias así obtenidas? ¿Son diferentes?

- Junta todas las filas. Por ejemplo, si hay tres jugadores, al juntar las filas se obtendrían 15 filas. Nivela nuevamente las filas. ¿Cómo compara el nuevo resultado con los resultados individuales?

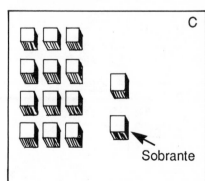

Más Ideas
- Luego de que los estudiantes de mayor edad hayan completado esta actividad para "visualizar" la media, procura que éstos repitan el mismo juego, esta vez sin bloques o cuadrados de papel. Se deberá utilizar lápiz y papel para anotar los resultados obtenidos. Para determinar la media se suman los resultados obtenidos y el resultado se divide por cinco. La persona que obtenga el cociente mayor es la ganadora.

- Varía la regla anterior de suerte que si dos personas obtienen un mismo cociente, aquella con el residuo menor es la ganadora.

¿Cual es la Longitud de tu Nombre?

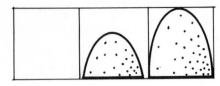

Materiales

Cuadrados 1"x1"

Lápiz

Papel

Pega

Porqué

Para introducir los conceptos estadísticos de moda, mediana y media (o promedio) y practicar la preparación de gráficas de barras.

Cómo

- Haz una lista de los nombres de los miembros de la familia y algunos parientes y amigos.

- Escribe todas las letras de los nombres en los cuadrados 1"x1" , de suerte que cada cuadrado tenga una sola letra.

- Escribe el número de letras de cada nombre y las iniciales de la persona en otro cuadrado.

- Alínea los nombres del más corto al más largo como se ilustra en la figura.

Media

- Determina la **media** o **promedio** de los largos utilizando el siguiente procedimiento. Mueve las letras de los nombres más largos a los nombres más cortos hasta que todas las filas tengan el mismo número de letras. (No importa la forma en que muevas las letras siempre y cuando termines con filas con el mismo número de letras o **casi** el mismo número.)

- En nuestro caso la media es 55/9 o aproximadamente 6.1

Mediana

- Toma los cuadrados que indican el número de letras en el nombre de una persona y colócalos en orden ascendente:

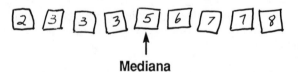

Mediana

- Halla el número en el centro de la fila. Este número es la **mediana**. En nuestro caso la mediana es 6. Si hubieran dos números en el medio de la hilera, sumariamos los mismos y dividiríamos el resultado obtenido por 2 para determinar así la mediana.

Moda

- Pega los cuadrados con los números a una gráfica de barras como se ilustra. Determina cuál de los números ocurre con más frecuencia. Este número es la **moda**.

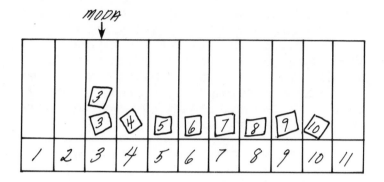

- Resumiendo, en nuestra muestra obtuvimos los siguientes resultados:

  una **media** o **promedio** de 55/9 o aproximadamente 6.1,
  una **mediana** de 6,
  una **moda** de 3.

- ¿Qué ocurrió con tu muestra de nombres?

Ideas Adicionales

- Discute la diferencia entre la media la mediana y la moda. ¿Porqué no siempre coinciden?

- ¿Tienen todas las gráficas medias y medianas?

- ¿Se te ocurre alguna gráfica en que la media, la mediana y la moda coincidan?

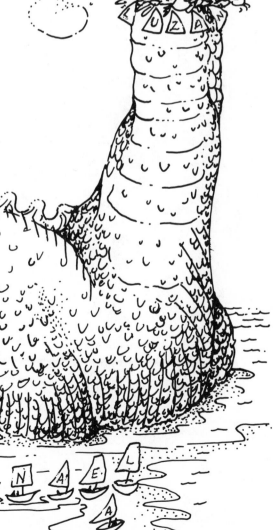

Agujas Giratorias Justas I

Nivel

Materiales

Agujas giratorias de colores

    (Ver instrucciones en la

    página154)

Papel

Lápiz

Porqué

Para realizar experimentos físicos que desarrollan nuestra intuición
de la Probabilidad.

>> *Al organizar los datos generados por una aguja giratoria estamos
realizando una simulación de los experimentos estadísticos que
efectúan los científicos en la vida real. Tales experimentos
producen números que se acercan gradualmente a ciertos valores
teóricos. Estos valores teóricos casi nunca se alcanzan con
exactitud. Este aspecto de la Teoría de la Probabilidad confunde
con mucha frecuencia a estudiantes de la escuela superior y la
universidad. Las experiencias de esta actividad nos serán útiles
para entender mejor la Probabilidad.* <<

Cómo

• Construye una aguja giratoria como se indica. (Ver las
  instrucciones en la página 154.)

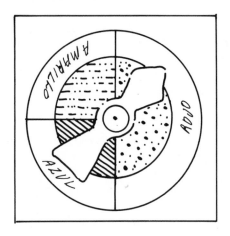

• Haz que la aguja gire en 36 ocasiones.

• Anota o tabula los colores obtenidos.

• Prepara una gráfica para mostrar los resultados.

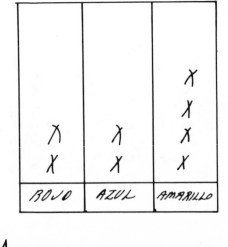

- Estudiemos ahora nuestra aguja giratoria. ¿Que porción del círculo de fondo es rojo?___ ¿azul?___ ¿amarillo?___ ¿Qué relación puedes observar entre tus contestaciones a estas preguntas y los datos obtenidos? ¿Cómo comparan con tu gráfica?

>> *Los matemáticos dirían que una aguja giratoria como la nuestra es* **justa** *si una vez puesta a girar la misma se detiene con igual frecuencia en todas las partes del círculo. En nuestro caso decimos que:*

la probabilidad de obtener rojo es 1/2,
la probabilidad de obtener azul es 1/4 y
la probabilidad de obtener amarillo es 1/4.

Esto significa, por ejemplo que en 36 rotaciones de la aguja, esperaríamos obtener rojo en 18 ocasiones, azul en 9 ocasiones y amarillo en 9 ocasiones. Estos resultados son los **teoricamente esperados**. *En el experimento real rara vez obtenemos tales resultados, aunque sí logramos obtener resultados bastante cercanos a los teóricos.* <<

- Haz que la aguja gire en 36 nuevas ocasiones o combina los resultados que ya has obtenido con los de alguna otra persona que ha utilizado el mismo tipo de aguja giratoria. ¿Cómo comparan ambas gráficas?

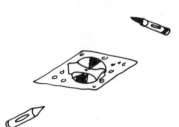

>> *Nota que el rojo se espera que ocurra la mitad de las 72 ocasiones, el azul una cuarta parte y el amarillo otra cuarta parte.*

>> *¿Están tus resultados más cerca de los resultados teóricos con 72 giros que con 36 giros de la aguja?*

>> *Si así lo deseas, podrías realizar el experimento en muchas más ocasiones y observarías que los resultados obtenidos se acercan consistentemente a los resultados teóricos. Esto, desde luego, ocurrirá siempre y cuando tengas una aguja giratoria* **justa**. *A este fenómeno del acercamiento de los resultados observados a los resultados teóricos a medida que aumentamos el número de experimentos, se le conoce en la Probabilidad como la* **Ley de los Números Grandes**. <<

Ideas Adicionales

- Con niños menores podríamos obviar la discusión de las probabilidades envueltas así como los cálculos teóricos. En su lugar podríamos observar, por ejemplo, que aproximadamente la mitad de las ocasiones se obtiene rojo, aproximadamente una cuarta parte de las veces se obtiene azul y aproximadamente una cuarta de las veces se obtiene amarillo.

- Diseña otros tipos de agujas giratorias, por ejemplo, con 1/3 parte del círculo de fondo rojo, 1/2 azul y 1/6 amarillo.

- Para tu propio entretenimiento, construye varias agujas giratorias y determina cuántas de éllas puedes hacer girar simultaneamente.

Agujas Giratorias Justas II

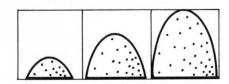

Nivel

Materiales

Agujas giratorias con números

(Ver la página 154)

Papel de gráfica

Lápiz

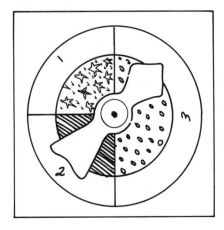

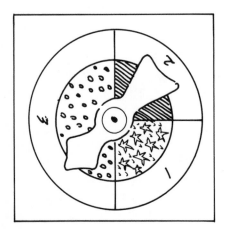

Porqué

Para explorar ideas de la Probabilidad realizando experimentos con agujas giratorias.

Cómo

Números Repetidos

- Pon a girar dos agujas giratorias o, en su lugar, una aguja giratoria en dos ocasiones. (Ver en la página 154 las instrucciones para la construcción de agujas giratorias.)

- Anota los números que obtienes. Repítulo 25 veces.

- Prepara una gráfica que ilustre las veces que obtienes:
  un "1" en ambas agujas,
  un "2" en ambas agujas,
  un "3" en ambas agujas.

Ambas 1	X X
Ambas 2	X
Ambas 3	X X

- Determina en los círculos de fondo de las agujas giratorias las porciones del área total que corresponden a cada número. ¿Cuál de los números debe repetirse con más frecuencia? Repite el experimento (o combina tus resultados con el de alguna otra persona) y examina los nuevos resultados. ¿Cómo comparan con los resultados que esperabas?

Suma con Agujas Giratorias

- Utiliza dos agujas giratorias. Examina las mismas y haz una proyección sobre las frecuencias con las que se observan los totales que se obtienen al sumar los resultados de ambas agujas. Si pones a girar ambas agujas en 25 ocasiones consecutivas, ¿cuáles de las sumas ocurrirán con más frecuencia?

- Realiza el experimento 25 veces y prepara una gráfica con los resultados obtenidos.

- ¿Cómo difieren los resultados observados de tus predicciones?

>> *En la Probabilidad es habitual la preparación de listados que incluyen todos los posibles resultados de un experimento. Tales listados son muy útiles en la determinación de la probabilidad de que un determinado evento ocurra. Como nuestras agujas giratorias tienen círculos de fondo en los que el área correspondiente al tres es el doble del área correspondiente a cada uno de los otros dos números, podríamos imaginar que los posibles resultados al girar son 1,2,3 y otro 3 o 3a.*

>> *Podríamos entonces preparar la lista siguiente de todos los posibles resultados del experimento.*

Primera Aguja	Segunda Aguja	Suma
1	1	2
1	2	3
1	3	4
1	3a	4
2	1	.
2	2	.
2	3	.
2	3a	.
3	1	.
3	2	.
3	3	.
3	3a	.
3a	1	.
3a	2	.
3a	3	.
3a	3a	.

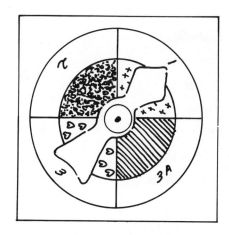

>> *Vemos pues que hay un total de 16 pares de números que pueden ocurrir.*

>> *¿Cuántos de éstos consisten de un 1 repetido?__ ¿De un 2?__ ¿De un 3?__.*

>> *Anota todas las posibles sumas en la lista anterior de posibles resultados. Observa que sólo hay una posible suma de 2. Decimos que la probabilidad de obtener una suma de 2 es de 1/16. Halla la probabilidad de obtener sumas de 3, 4, 5 y 6.*

>> *¿Cómo comparan estas probabilidades teóricas con los resultados observados en el experimento de las sumas?*

>> *Prepara otras agujas giratorias con más números para utilizarlas en éstos experimentos.* <<

Construyendo Agujas Giratorias

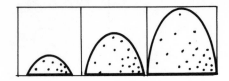

Nivel

Materiales

Cartulina

Tijeras

Regla

Lápiz

Presilla de papel

Cinta adhesiva

Cómo

- Recorta de un trozo de cartulina una aguja que tenga la siguiente forma.

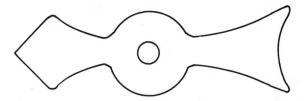

- Con una perforadora haz un agujero en el centro de la aguja.

- Corta un trozo cuadrado de papel y utiliza la peforadora para hacer un agujero en el centro. Utilizaremos esta pieza más adelante a modo de una arandela.

- Recorta un cuadrado de cartulina de 4 pulgadas.

- En el cuadrado de 4 pulgadas marca ligeramente en cada lado un punto a 2 pulgadas de los vertices.

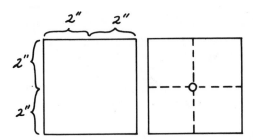

- Conecta las marcas en lados opuestos con un ligero trazo del lápiz.

- Marca el centro con un punto.

- Utiliza una tachuela o el extremo de una presilla de papel para perforar un pequeño agujero en el centro del cuadrado.

- Dibuja el diseño apropiado para la actividad a realizar:

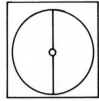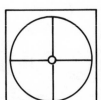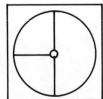

- Dobla una presilla de papel y colócala a través del agujero del cuadrado de cartulina de cuatro pulgadas.

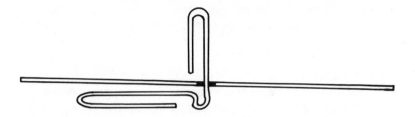

- Coloca la arandela cuadrada, luego la aguja como se indica y presiona un poco con la presilla.

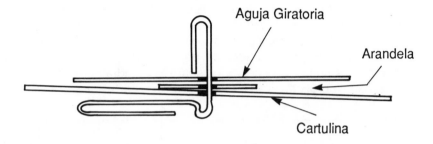

Aguja Giratoria

Arandela

Cartulina

- Cubre la parte inferior con cinta adhesiva para mantener así la presilla fija en su lugar.

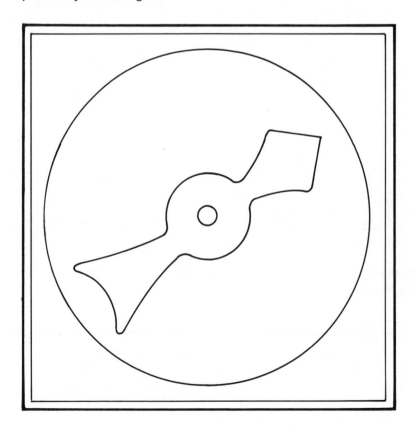

Datos y Dados - Paso I

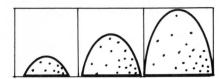

Nivel

Materiales

Dado (o una aguja giradora)

Papel cuadriculado

(Ver la página 79)

Cuadrados para representar

los números del dado

Pega

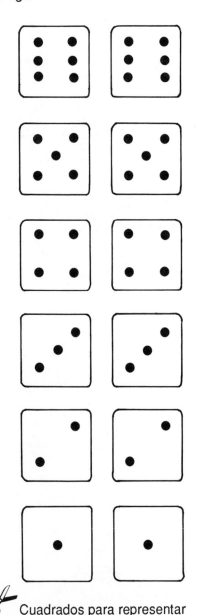

✂ Cuadrados para representar

los números del dado

Porqué

Para realizar experimentos que sirven para desarrollar un mejor sentido de la frecuencia con la que ocurren ciertos eventos igualmente probables. Además, para practicar presentando datos observados en la forma de gráficas de barras.

Cómo

• Examina cuidadosamente un dado. Dibuja una representación de cada una de sus caras. Si tiraras el dado 25 veces, ¿cuál crees que seria el número que ocurre con mayor frecuencia? Anota el número.

• Tira el dado 25 veces y anota cada resultado.

• Prepara una gráfica con los resultados obtenidos. Prepara tantos cuadrados como séan necesarios para representar cada uno de los números obtenidos; los cuadrados preparados deben tener el mismo tamaño que los cuadrados del papel de gráfica. Representa los números observados sobre los cuadrados y péga los mismos a la gráfica.

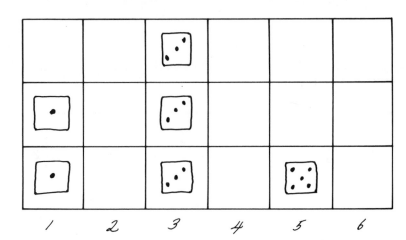

• ¿Cuál número ocurrió con más frecuencia? ¿Cuáles le siguieron?

• Tira los dados otras 25 veces y compara los resultados obtenidos. Pide a algún otro miembro de la familia que haga lo mismo. ¿Son diferentes los resultados obtenidos?

• Representa todos los resultados en la gráfica. ¿Ha cambiado la forma de la gráfica? ¿Cómo?

>> **Notar:** *Las actividades Datos y Dados, Paso I, Paso II y Paso III se deben realizar **en el orden** indicado. Todas estas actividades sirven para entender mejor la relación entre la Probabilidad Teórica y los experimentos físicos de naturaleza probabilística.* <<

Datos y Dados - Paso II

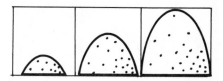

Porqué

Para utilizar experimentos con dados para entender mejor la
probabilidad de que ocurran ciertos eventos que no se observan
con la misma frecuencia.

Nivel

Materiales

Dados

Papel cuadriculado

Lápices

Cómo

• Observa cuidadosamente dos dados colocados uno al lado del
otro. Tira los dados 36 veces y prepara una gráfica con los
resultados. Indica mediante una X cada una de las sumas
obtenidas.

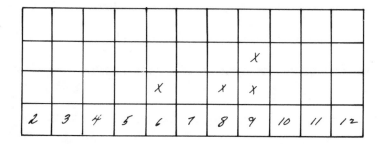

• Observa la gráfica. ¿Te sorprenden los resultados?

• ¿Cómo comparan los resultados obtenidos con aquellos
correspondientes al tiro de un solo dado? ¿Cómo comparan las
gráficas?

• Tira los dados otras 36 veces o pide a varios miembros de la
familia que los tiren 36 veces.

• Representa todos los resultados en la gráfica.

• ¿Ha cambiado la forma de la gráfica? ¿Cómo?

Datos y Dados - Paso III

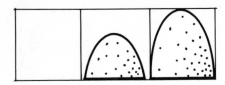

Nivel

Materiales

Dados

Papel cuadriculado

(Ver las páginas 79-82)

Porqué

Para explorar la teoría de lo que **debería** ocurrir al tirar dos dados y sumar los puntos obtenidos en cada uno.

>> *Aún luego de un gran número de tiros, los resultados observados diferirán de los resultados predichos teoricamente. Sin embargo, mientras más realizamos el experimento, menores habrán de ser las diferencias relativas entre la observación y las predicciones teóricas.* <<

Cómo

- Prepara una tabla como la que se muestra a continuación.

- Imagina que tiras dos dados, uno rojo y otro azul.

- La tabla nos mostrará todas las posibles combinaciones de los dos dados.

  - Los números en la fila superior son los posibles resultados del dado azul.

  - Los números en la columna de la izquierda son los posibles resultados del dado rojo. Por ejemplo, un 2 azul y un 3 rojo resultan una suma de 5. Este número aparece anotado en la tabla.

- Completa la tabla.

>> *Al tirar dos dados hay ciertas sumas que ocurren con mayor frecuencia . Decimos que tales sumas tienen una mayor probabilidad de ocurrir.* <<

AZUL / ROJO	1	2	3	4	5	6
1						
2						
3		5				
4						
5						

- Prepara un listado de las veces que aparecen el 2, 3, 4, etc..., como sumas en la tabla.

>> *Como hay 36 posibles sumas en la tabla y 6 de ellas corresponden al 7, decimos que la probabilidad de obtener una suma de 7 al tirar dos dados es 6/36 o 1/6. Esto significa que con un par de dados justos se espera que 6 de cada 36 tiros resulten en una suma de 7. ¿Cuántos tiros resultan en una suma de 2? ¿De 3? ¿De otros valores?* <<

- ¿Cómo comparan estos resultados con los de la actividad Datos y Dados- Paso II?

- Al tirar los dados 72 veces es de esperarse obtener una suma de 2 en dos ocasiones, una suma de 3 en cuatro ocasiones, una de 4 en sus seis ocasiones, y así sucesivamente. ¿Cómo comparan estas predicciones con los números al tirarlos dados 72 veces?

Ideas Adicionales

- ¿Cuántos tiros crees que son necesarios para obtener un doble?

- Tira los dados hasta obtener un doble.

- Ilustra los tiros que necesitaste en una gráfica.

- Pide a otras personas que tiren los dados 50 veces y que representen en una gráfica el número de dobles observados.

- Observa la gráfica. ¿Te sorprenden los resultados?

- Estudia la tabla de probabilidades. ¿Con que frecuencia es de esperarse un doble ? Halla el número promedio de tiros necesarios para obtener un doble. (Suma los resultados y divide por 50.) ¿Está este promedio más cerca del número de tiros esperado? Discute la forma de la gráfica.

Las Gotas de Lluvia

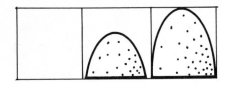

Nivel

Materiales

Tablero de las Gotas de
   Lluvia (Ver la página162)

Dos dados de diferentes colores

36 frijoles pequeños

Porqué

Para observar la diferencia entre la probabilidad teórica y los resultados experimentales.

>> *Esta actividad presenta un interesante patrón que resulta al tirar dos dados. Los dados se tiran un total de 36 veces y 36 frijoles que representan gotas de lluvia se colocan sobre el tablero de la suma de dos dados presentado a continuación. Cada experimento individual produce un resultado irregular, pero al repetir el experimento muchas veces y combinar los resultados podremos apreciar un patrón muy interesante.* <<

Cómo

• Examina el tablero de las Gotas de Lluvia. En él se representan todos los resultados posibles al tirar dos dados de diferentes colores.

• En este juego habrás de tirar en varias ocasiones los dos dados y colocarás en cada caso un frijol sobre el lugar correspondiente en el tablero. Por ejemplo, si obtienes un 2 en el dado azul y un 3 en el dado rojo, colocarás un frijol en el número 5 que se indica a continuación.

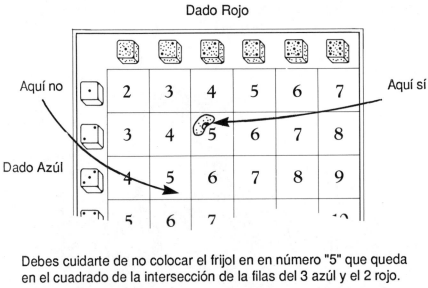

Dado Rojo

Aquí no

Dado Azúl

Aquí sí

Debes cuidarte de no colocar el frijol en en número "5" que queda en el cuadrado de la intersección de las filas del 3 azul y el 2 rojo.

• Antes de comenzar la actividad, da un vistazo a la tabla, recuerda tus conocimientos sobre la Probabilidad y pregúntate si terminarás con un frijol en cada cuadrado. ¿Habrán algunos cuadrados con varias "gotas de agua"?

• Continúa tirando los dados hasta haber utilizado los 36 frijoles. Luego examina el patrón resultante en el tablero. ¿Son estos los resultados que esperabas?

- Prepara un diagrama indicando el número de cuadrados de la tabla que no tienen ningún frijol, el número que tiene uno, dos, tres, y cuatro o más frijoles.

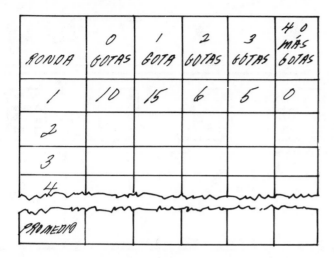

RONDA	0 GOTAS	1 GOTA	2 GOTAS	3 GOTAS	4 O MÁS GOTAS
1	10	15	6	5	0
2					
3					
4					
PROMEDIO					

- Repite el experimento en varias ocasiones y anota los resultados.

- Luego de varios juegos, calcula el promedio de cada columna.

>> *Si los dados son justos y repites el experimento en muchas, muchas ocasiones, los promedios obtenidos deberán estar cerca de los siguientes: Sin gotas -13; 1 gota -13; 2 gotas -7; 3 gotas -3; 4 o más gotas -1.*

>> *Estos resultados están relacionados con el recíproco de un famoso número de la matemática, e (2.718 aproximadamente), que representa la base de los logaritmos naturales y que fué hecho famoso por el matemático Suizo-Alemán Euler. El recíproco de un número diferente de cero es aquel número por el cual necesitamos multiplicar el número dado para obtener 1. Así pues 1/7 es el recíproco de 7 ya que 7 x 1/7 = 7 ÷ 7 = 1.*

>> *Esta actividad nos presenta una paradoja. Una persona esperaría que la probabilidad de caer en un cuadrado dado es la misma para todos los cuadrados del tablero. Sin embargo, es probable que hayas notado que cerca de una tercera parte de los cuadrados permanecían vacíos luego de cada ronda. Si repitieras el experimento un gran número de veces, verías que cada uno de los 36 pares posibles ocurre con la misma frecuencia.*

>> *Podemos reconciliar ambos fenómenos descritos si pensamos en lo que ocurre cuando tiramos un solo dado. No será con mucha frecuencia que al tirar el dado en seis ocasiones obtendremos cada uno de los seis resultados posibles exactamente una vez. Pero si tiráramos el mismo dado un gran número de veces, cada número posible aparecerá más o menos con la misma frecuencia.<<*

Tablero de las Gotas de Lluvia

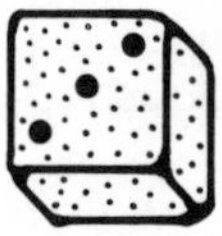

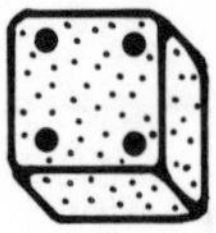

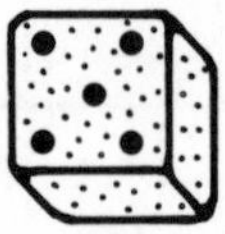

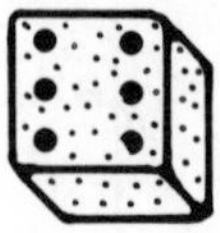

 2	3	4	5	6	7
 3	4	5	6	7	8
 4	5	6	7	8	9
 5	6	7	8	9	10
 6	7	8	9	10	11
 7	8	9	10	11	12

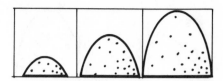

Porqué

Para entender mejor el concepto de **proceso aleatorio**, el cual es de importancia central en la Estadística y la Probabilidad.

>> *Cuando los estadísticos realizan alguna encuesta, es necesario que tomen una **muestra aleatoria** de sujetos a interrogar. Así se evita, por ejemplo, hacer preguntas de la encuesta a un grupo de sujetos integrado únicamente por jóvenes o ricos o personas con alguna característica especial. Los procesos aleatorios son también de importancia en las ciencias. Las partículas del aire, por ejemplo, se mueven aleatoriamente (es decir al azar) cambiando constantemente de dirección cuando chocan con algún objeto.* <<

Materiales

Tablero

Agujas Giratorias

    (Ver la página 154)

Marcadores, uno por jugador

Cinta adhesiva de papel

Cómo

• Construye una aguja giratoria como la que se indica.

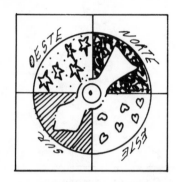

Un juego para
2-4 jugadores

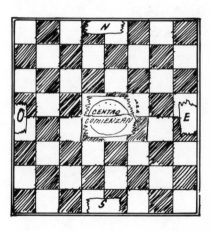

• Coloca cuatro pedazos de cinta adhesiva de papel sobre el tablero y marca sobre ellos los cuatro puntos cardinales. **Norte, Sur, Este y Oeste.** Marca también el **Centro** del tablero. El tablero representa una ciudad imaginaria cuyas calles corresponden a las líneas que forman el tablero. Los jugadores se mueven a lo largo de tales líneas.

• Todos los jugadores comienzan en el centro, es decir, en el **Círculo de Partida**, mirando hacia el norte.

• Los jugadores se turnan para hacer girar la aguja de Movimiento Aleatorio.

• Cada jugador hace girar la aguja, cambia su marcador a la dirección indicada y se mueve un espacio en esa dirección hasta la próxima intersección del tablero.

• Dos o mas jugadores pueden estar en el intersección a la vez.

• La primera persona que salga de la ciudad, o que se salga del tablero, es la ganadora.

• Continúa jugando hasta que todos los jugadores salgan de la ciudad.

• Cuando un jugador sale de la ciudad, el resto de los jugadores que aún quedan se moverán el doble de los pasos en cada turno. Así pues al salir el primer jugador, el resto de los jugadores se moverán 2 espacios en cada turno. Al salir el segundo, el resto de los jugadores se moverán cuatro espacios y así sucesivamente.

Movimiento Aleatorio II

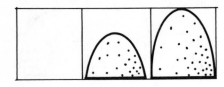

Nivel

Materiales

Tablero de Movimiento
  Aleatorio
  (Ver la página 166)
Un dado
Un marcador para cada
  jugador
Tarjetas 3" x 5"

*Un juego para
2-4 jugadores*

Porqué

Para practicar generando números aleatorios y utilizando las direcciones cardinales para movernos en un mapa.

>> *Esta actividad abunda más en la noción de proceso aleatorio y presenta posibles estrategias que sirven para controlar los resultados obtenidos.* <<

Cómo

• Prepara una carta de direcciones utilizando una tarjeta de 3" x 5" o cualquier otro pedazo pequeño de papel. Esta tarjeta servirá para determinar la dirección en que se moverán los jugadores en sus turnos.

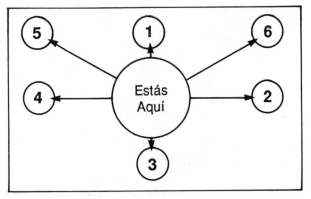

Carta de Direcciones

• Todos los jugadores comienzan en el centro del Tablero de Movimiento Aleatorio.

• La meta del juego consiste en obtener un número grande al terminar el juego o salirse del tablero para recibir a cambio 130 puntos.

• En su turno cada jugador **primero** coloca la carta de direcciones de manera que el número "1" apunte a alguno de los puntos cardinales: norte, sur, este u oeste. Este procedimiento junto con el número obtenido en el dado habrán de determinar la dirección a moverse en un turno en particular. En otras palabras, puedes imaginar tu marcador en el círculo que lee "Estás Aquí."

• Tira el dado y muévete en la dirección indicada por el número.

• Los jugadores toman turnos hasta que cada uno se haya movido en seis ocasiones.

• Cada persona acumulará los puntos que indique su marcador al cabo de seis turnos.

• Cada jugador que se sale del tablero en exactamente seis turnos recibe 150 puntos. No recibirá ningún punto si se sale antes.

• Luego de terminado el primer juego se deberá discutir la mejor forma de colocar la carta de direcciones.

• Juega cinco rondas del juego. El jugador con el mayor total de puntos es el ganador.

Ideas Adicionales

• Para los niños más jóvenes podrías dibujar algún cuadrículado sin números sobre el cual ellos pudieran caminar. Prepara una aguja giratoria como la que se ilustra a continuación.

Procede con las mismas reglas. La meta del juego consiste en ser la primera persona que se sale del cuadriculado.

• Para los niños mayores, prepara una aguja giratoria como la indicada y adhiérela sobre el tablero. Utiliza las mismas reglas de suerte que el objeto del juego sea salirse del tablero. Nota que esta versión del juego es más complicada ya que resulta más difícil imaginar la posición de uno sobre el tablero.

• Toma un paseo con toda la familia. Decide como continuar en cada esquina utilizando la aguja giratoria "continua en recta/gira a la derecha." ¿Dónde crees que estarán luego de cinco turnos?

Tablero de Movimiento Aleatorio

N

10 — 10 — 10 — 10 — 5 — 10 — 10 — 10 — 10

10 — 10 — 10 — 10 — 5 — 10 — 10 — 10 — 10

10 — 25 — 25 — 25 — 10 — 25 — 25 — 25 — 10

10 — 25 — 50 — 50 — 25 — 50 — 50 — 25 — 10

10 — 25 — 50 — 25 — 50 — 25 — 50 — 25 — 10

O 5 — 10 — 25 — 50 50 — 25 — 10 — 5 E

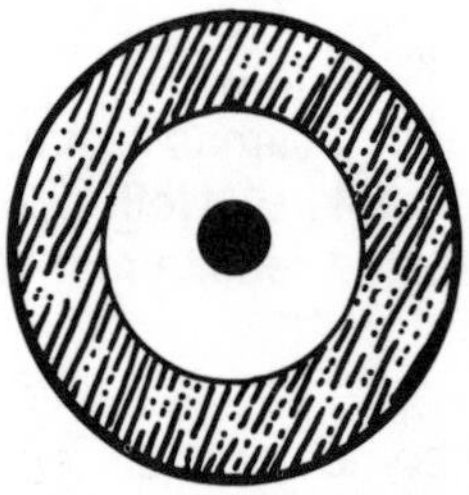

10 — 25 — 50 — 25 — 50 — 25 — 50 — 25 — 10

10 — 25 — 50 — 50 — 25 — 50 — 50 — 25 — 10

10 — 25 — 25 — 25 — 10 — 25 — 25 — 25 — 10

10 — 10 — 10 — 10 — 5 — 10 — 10 — 10 — 10

S

Marcadores

Capítulo VII

TIEMPO
Y
DINERO

Materiales

Relojes de todo tipo (digitales y
  análogos, viejos y redondos)
  incluye algunos relojes
  viejos que no funcionen.

Un reloj con segundero

Calendarios

Papel

Plumas, lápices y crayolas

Papel de práctica

Cinta adhesiva

Dinero de juego o real

Catálogos

Periódicos

Menús

Calculadoras

Tiempo y Dinero

Los temas de **tiempo y dinero** se suelen incluir en el currículo como parte del tema de la medición. En este libro, sin embargo, los hemos movido a un capítulo separado por la importancia que los mismos revisten para la matemática de los niños fuera de la escuela. El tiempo y el dinero son partes importantes de nuestras vidas y las experiencias del diario vivir brindan muchas más oportunidades de aprendizaje que las que se pueden encontrar en la escuela. Todo viaje al supermercado, todo evento que requiera estar consciente del tiempo constituye una valiosa oportunidad de ayudar a los niños a entender estos conceptos.

Con frecuencia los niños más jóvenes tienen ideas sobre el tiempo que resultan difíciles de entender para los adultos. Por ejemplo, un niño podría creer que una persona más alta que otra también es más vieja o que todos los adultos tienen la misma edad. La idea del tiempo transcurrido o de cuánto se demoran algunos eventos no se desarrolla adecuadamente en los niños hasta que cumplen nueve o diez años de edad. ¡Has tratado alguna vez de enseñar el concepto de la espera a un niño de tres años! Un niño podría creer que el minutero de un reloj le toma más tiempo dar una vuelta completa que el que le toma al horario avanzar hasta la próxima hora ya que el minutero se mueve un tramo más largo.

Lo importante que debemos recordar es que no debemos apresurar a los niños para que aprendan sobre el tiempo. Si un niño de primer grado no puede leer la hora hasta el último minuto, no hagas que tú o el niño se frustren al insistir en enseñarle a hacerlo. Relájate y no te impacientes que el niño aprenderá en su momento a leer el reloj. ¿Conoces a algún adulto que no sepa leer el reloj?

Hay algunas destrezas que podrían resultar divertidas desarrollar para ti y tu niño. Mientras los cronómetras, pide a cada uno del resto de los miembros de la familia que cierren los ojos hasta que crean que han transcurrido quince segundos. Luego aumenta el tiempo a 30 ó 60 segundos. Permite más de un intento y determina si los estimados mejoran. También podrías mirar el reloj, luego trabajar en algún proyecto hasta que creas que han transcurrido cinco minutos y finalmente volver a leer el reloj para verificar tu estimado. El poder estimar correctamente el tiempo que ha transcurrido es una destreza muy útil que muchas personas nunca desarrollan.

Los decimales ofrecen un baluarte de posibilidades educativas. El dinero constituye el primer ejemplo que se tiene de decimales y continúa siendo una fuente que ayuda al entendimiento a medida que los niños manejan decimales más complicados. Por ejemplo, si un niño del sexto grado no recuerda donde debe colocar el punto decimal en el resultado de 32.61 x 5, el problema se podría discutir utilizando dólares, monedas de diez centavos y monedas de un centavo.

El dinero también constituye una fuente de problemas naturales para ti y tus niños, la cual permite un alto grado de motivación y facilidad de entendimiento que no se suele encontrar en situaciones matemáticas más complicadas.

Respecto al resto de las actividades que realizarás, aconsejamos que aspires más bien a divertirte y no a perseverar. El viaje al supermercado no debe convertirse en una sesión de ejercicio y práctica y si en una oportunidad especial para hablar de los números y lo que éstos representan.

Acitividades del Tiempo

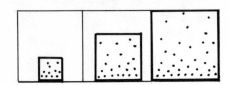

Nivel

Materiales

Relojes de todo tipo

Porqué

Para realizar una serie de experiencias que envuelven relojes y la medida del tiempo.

Cómo

Relojes Dobles

- Ayuda a tu niño o niña a leer el reloj colocando un reloj digital próximo a un reloj análogo (con agujas.) Los relojes deben permanecer juntos, siempre marcando la misma hora. De esta manera el niño o la niña podrá observar ambos relojes y leerlos cuando llega la hora de comer, de jugar, etc.

Dibujando relojes

- Instruye a tu hijo o hija para que dibuje varios relojes indicando horas importantes como lo son las horas de levantarse, ir a la escuela, almorzar, y acostarse a dormir. Escribe el tiempo "digital" junto a cada reloj.

Línea de Tiempo

- Haz una línea de tiempo que incluya varias representaciones pictóricas de algunos eventos del día. Procura que los niños preparen sus propios dibujos o que recorten láminas de varias revistas.

- Prepara líneas de tiempo similares para las diferentes estaciones del año o los días de fiesta observados por tu familia.

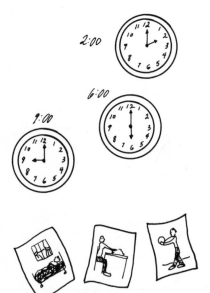

¿Qué hora será?

- Consigue un viejo reloj al cual se le puedan mover las manecillas. Así podrás contestar mejor las siguientes preguntas:

  Son las 6:00 ahora. ¿Qué hora será

  al cabo de 2 horas?
  al cabo de 5 1/2 horas?
  al cabo de 8 horas?
  al cabo de 12 horas?

¿Qué hora era?

- Utiliza las manecillas de algún reloj viejo para contestar las siguientes preguntas:

  Son las 7:00. ¿Qué hora era

  hace 1 1/2 horas?
  hace 9 horas?
  hace 45 minutos?
  hace 2 horas y 20 minutos?

Espera un Minuto

- Para esta actividad necesitas un reloj con segundero.

- Cierra los ojos y pon alguna persona a leer el reloj. Abre los ojos cuando estimes que ha transcurrido un minuto. ¿Cuánto tiempo transcurrió realmente? ¿Puedes mejorar tu estimado? Trata de estimar 30 segundos.

- ¿Cuánto tiempo puedes permanecer parado sobre un solo pie? (¡Sin sostenerte con la mano o apoyarte con el otro pie!)

- ¿Cuánto tiempo te toma cepillarte los dientes? (¡En este caso, ya sabes, mientras mas tardes, mejor!)

- ¿Cuántas veces puedes tocarte la rodilla y luego el hombro durante el transcurso de 15 segundos? Intenta lo mismo usando ambas manos. ¿Hay alguna diferencia?

- ¿Cuántas veces puedes castañear tus dedos durante 15 segundos?

- ¿Cuántas veces puedes pestañear durante 30 segundos?

- ¿Cuánto demoras en vestirte por las mañanas?

- ¿Cuánto te tomas para amarrarte los zapatos?

- ¿Cuántas veces puedes escribir tu nombre durante un minuto?

- ¿Cuánto le toma a un pedazo de pan tostarse en la tostadora?

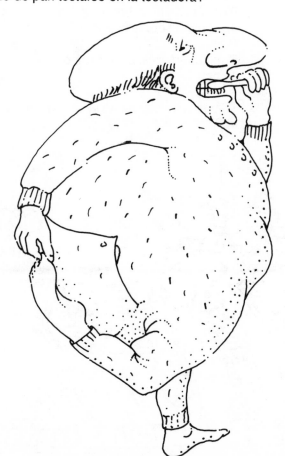

¿Cuánto tardará?
- Son las 2:00 p.m. ¿Cuánto tardará en ser las 8:00 p.m.?

- ¿Cuánto tardará en ser las 11:30 p.m.?

- Inventa otros problemas y utiliza algún reloj para encontrar las contestaciones.

La Milla y el Tiempo
- Cuando viajes en auto pide a la familia que trate de adivinar el tiempo que toma recorrer una milla, cinco millas o diez millas. Coteja el odómetro del auto para ver qué tan cerca estuvieron los estimados. Procura que intenten el experimento en una segunda ocasión. ¿Mejoran los estimados? Repite la actividad estimando un kilómetro, 5 kilómetros, o 10 kilómetros.

Caminando
- Determina cuántas millas puede caminar la familia en una hora. Podrían caminar un cuarto de milla en alguna pista de correr, cronometrar el tiempo que toma y multiplicar el resultado por cuatro. También podrían caminar alrededor de la misma pista cuatro veces corridas.

Competencia
- Prepara una competencia entre una persona que recita el abecedario y otra que cuenta hasta 20. ¿Quién termina primero? Intercambia los roles de los participantes y compara nuevamente los resultados.

Corriendo
- Pide a cada miembro de la familia que corra un cuarto de milla diariamente por una semana.

- Prepara un gráfica del tiempo que toma por día durante toda la semana.

- Si fuese posible, repite la actividad cruzando a nado, ida y vuelta, la piscina.

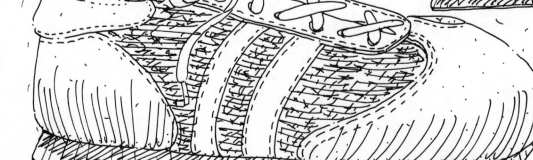

Zonas de Tiempo

•   Escoge alguna ciudad de los Estados Unidos de América. ¿Qué hora será en esta ciudad cuando en tu casa sean las 2:00 p.m.?

•   Halla la hora en Oslo, Noruega, cuando son las 12:00 p.m. en tu hogar.

•   Halla la hora en Hong Kong cuando son las 12:00 p.m. en tu hogar.

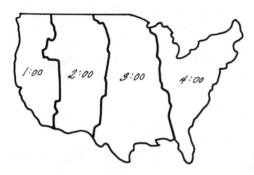

Zonas de Tiempo:
Estados Unidos

Línea Internacional del Tiempo

•   Consigue información sobre la Línea Internacional del Tiempo.

•   Toma 18 horas por avión ir de Sydney, Australia a San Francisco, California. Si sales de San Francisco a las 6:00 p.m. un martes, ¿Qué día y a qué hora llegarás a Sydney?

•   Si sales de Sydney a las 6:00 p.m. un sábado, ¿Qué día y a qué hora llegarás a San Francisco?

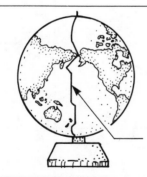

Línea Internacional
del Tiempo

La Sombra del Tiempo

•   En un día soleado halla alguna sombra puntiaguda así como la de la punta de un poste o el punto más alto de alguna casa. Dibuja un círculo en torno al punto, que tenga seis pulgadas de diámetro. Estima cuánto tiempo le tomará al punto de la sombra en llegar a tocar el círculo. Trata de predecir el lugar donde lo tocará.

Construyendo un Calendario

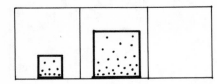

Nivel

Materiales

Cuadriculado para calendario

Lápiz o pluma

Crayolas o plumas

Porqué

Para ayudar a los niños a aprender datos sobre el calendario.

Cómo

• Copia el cuadriculado del calendario que aparece a continuación.

• Ayuda a tu hijo o hija a determinar el día de la semana del próximo primero del mes.

• Construye un calendario para ese mes utilizando el cuadriculado.

• Escribe un "1" en la esquina superior derecha del primer día del mes, en la fila superior de cuadriculado.

• Continúa numerando cuidadosamente el resto de los días del mes.

• Anota lo días de fiesta y los cumpleaños de tus amigos que caen en el mes. Puedes utilizar dibujos para indicar tales fechas. Escribe claramente el nombre del mes.

domingo	lunes	martes	miércoles	jueves	viernes	sábado

Patrones del Calendario

Porqué
Para explorar los patrones numéricos que se pueden observar en los calendarios.

>> *La observación de patrones numéricos nos permite entender mejor los documentos o las tablas donde aparecen los mismos. Los patrones numéricos del calendario hacen de este último un documento mas útil. Conocer, por ejemplo, que cada mes contiene cuatro o cinco días martes, pero nunca tres o seis, puede sernos útil al concertar citas de negocios.* <<

Nivel

Materiales
Calendario

Papel y lápiz

DOM	LUN	MAR	MIER	JUE	VIER	SAB

Cómo
- Halla el calendario del próximo mes o construye uno con tus niños.

- Cuenta el número de domingos, lunes, etc., que tiene el mes.

- ¿Ocurren algunos días con más frecuencia que otros? ¿Cuáles?

- Prepara un listado de las fechas correspondientes a los martes. Haz lo mismo para los miércoles y los sábados. ¿Puedes observar patrónes numéricos en las listas?

- Prepara un lista de las fechas correspondientes a cada par de lunes y cada par de martes. ¿Observas algún patrón en la lista?

- Si el día 15 es viernes, ¿Cuál es la fecha del próximo lunes?

DOM	LUN	MAR	MIER	JUE	VIER	SAB
					1	2
3	4	5	6	7	8	9
10	11	12	13	14	15	
	?					

- Examina otro mes y compara los patrones observados. ¿Son los mismos?

- Determina fechas en diferentes meses que ocurren el mismo día de la semana.

- ¿Qué meses comienzan el mismo día de la semana? ¿Qué ocurre en un año bisiesto?

- Coloca un rectángulo alrededor de tres días consecutivos en tu calendario.

DOM	LUN	MAR	MIER	JUE	VIER	SAB
				1	2	3
4	5	6	7	8	9	10
11	12	13	14	15	16	17
18	19	20	21	22	23	24
25	26	27	28	29	30	

- Halla la suma y compárala con el triple del número del medio.

- Repite este procedimiento con otro grupo de tres números consecutivos. ¿Cómo compara la suma con el triple del número del medio?

- Repite este procedimiento con un grupo de cinco números consecutivos. ¿Cómo compara la suma con cinco veces el número del medio?

DOM	LUN	MAR	MIER	JUE	VIER	SAB
				1	2	3
4	5	6	7	8	9	10
11	12	13	14	15	16	17
18	19	20	21	22	23	24
25	26	27	28	29	30	

- Coloca un rectángulo alrededor de un cuadrado 3x3 del calendario que contenga 9 números; ver diagrama.

- Compara la suma de estos números con nueve veces el número del centro.

- Intenta el mismo experimento y realiza la misma comparación con otros cuadrados 3x3. Holla el promedio de los nueve números (para ello suma todos los números y divídelos por el número de números, en este caso 9).

DOM	LUN	MAR	MIER	JUE	VIER	SAB
	1	2	3	4	5	6
7	8	9	10	11	12	13
14	15	16	17	18	19	20
21	22	23	24	25	26	27
28	29	30	31			

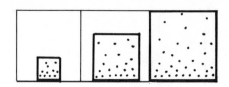

Porqué

Para ganar familiaridad con las monedas, sus valores relativos y los usos del dinero.

Cómo

Dibujos

• Haz un dibujo en ambos lados de cada moneda.

Escribiendo Dinero

• Coloca alguna cantidad de dinero, digamos $1.32, en un tablero de Valor Relativo que utiliza solamente monedas de uno y diez centavos y papel moneda de $1.00 y $10.00. Anota en un pedazo de papel el número de cada moneda o papel moneda utilizado poniendo especial cuidado de escribir cada cantidad en el lugar correcto.

Materiales

Dinero

Lápiz y Papel

Tablero de Valor Relativo

   (Ver la página 178)

Catálogos

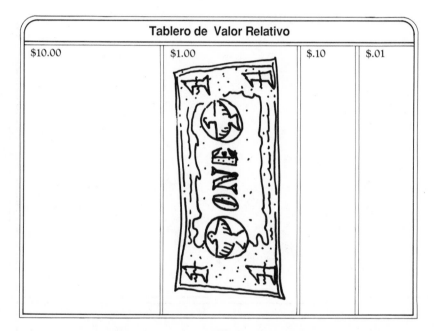

Tablero de Valor Relativo

$10.00	$1.00	$.10	$.01

• Repite este procedimiento en varias ocasiones cerciorándote de incluir algunos casos en los que no se utilizan monedas de 10 centavos o papel moneda de $1.00, como por ejemplo, $1.06, $10.45 o $50.07.

>> *Es importante reconocer las posiciones que se deben llenar con ceros al escribir cantidades de dinero.* <<

Tablero de Valor Relativo

$10.00	$1.00	$.10	$.01

Catálogos

- Procura conseguir algún catálogo con artículos interesantes para los niños.

- Imagina que dispones de $50.00 para comprar regalos del catálogo para la familia.

- Escojan entre todos los artículos para los regalos, de suerte que el total esté tan cerca como sea posible de $50.00.

- Incluye el cálculo del impuesto cuando participen los niños de mayor edad.

Fiesta de la Clase

- Tienes un presupuesto de $25.00 para la fiesta de la clase.

- Prepara una lista de artículos a comprar que no rebase el costo de la cantidad presupuestada.

- Coteja los precios de los artículos en un periódico o en un supermercado.

Supermercado

- LLeva a tu niño con una calculadora electrónica a algún supermercado.

- Luego de colocar en el carrito de compras cada uno de los artículos deseados, pide al niño que redondee el precio al dólar más cercano y vaya sumando los números así obtenidos en la calculadora.

- Cuando vayas a pagar, pregunta al niño por la cantidad acumulada en la calculadora. Luego de pasar la mercancía por la caja registradora, compara la cantidad pagada con la cantidad estimada.

Comprando y Comparando

- Cuando vayas al supermercado con tu niño, pídele que compare varios artículos de un mismo tipo y que determine cual es el más barato.

- Por ejemplo, ¿cuál es más barato, el cereal en el envase más grande o el mismo cereal en el envase más pequeño?

- Para decidir esta cuestión usualmente se divide el costo de la unidad por el total de onzas en el envase de cereal. Así obtiene el **precio por onza** en cada caso y se puede decidir cuál de ellos representa la mejor compra.

- Podrías efectuar las mismas comparaciones en varias tiendas diferentes. ¿Hay diferencias en los precios?

Porcientos

- Pide al niño que consiga anuncios de periódicos con artículos rebajados un cierto porciento. Algunos anuncios podrían indicar un "20% de descuento" o un "50% de rebaja."
Utiliza una calculadora para determinar la cantidad de dinero envuelto en la rebaja y el precio final del artículo.

- Calcula el impuesto de venta asociado a varias cantidades de dinero, por ejemplo, $5, $10, $15.

- Prepara una gráfica del impuesto de venta para varias cantidades de dinero hasta $25.

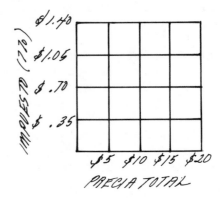

Menus

- Consigue los menús de algunos restaurantes.

- Pide al niño que escoja varias comidas completas y que calcule el costo total, tanto individualmente como para toda la familia.

Encuesta de Bolsillos

- Haz una encuesta entre amigos y pregunta por el número de monedas que tienen de cada clase en sus bolsillos o monederos.

- Grafica los resultados.

Dinero Extranjero

- En los periódicos, usualmente en la sección de finanzas, se suele encontrar un listado del valor actual de las monedas extranjeras. Información adicional sobre monedas extranjeras se puede conseguir en algunas enciclopedias o algunos bancos.

- Escoge un país específico y practica el cambio de monedas de acuerdo a los valores relativos de las mismas. Compara el valor de las monedas con el dinero de tu propio país.

Capítulo VIII

GEOMETRÍA
Y
RAZONAMIENTO
ESPACIAL

Materiales

Papel

Lápices, plumas y crayolas

Pintura de agua

Tijeras

Pega

Revistas viejas

Retazos de tela o papel de
  empapelar

Cartulina o papel grueso

Papel cuadriculado
  (Ver páginas 79-82)

Tejas o cuadrados de papel

Tarjetas 3" x 5"

Marcadores para juegos

Geometría y Razonamiento Espacial

La Geometría es la parte de la matemática que incluye información sobre las formas y el espacio. Hasta hace poco el estudio de la Geometría no se introducía hasta que se llegaba al nivel de la escuela superior y entonces sólo de una manera muy formal, con reglas, pruebas y definiciones estrictas. Con el advenimiento hace unos años de "la matemática moderna", la enseñanza de la Geometría ha bajado hasta los grados elementales, aunque aún se enseña de una manera relativamente formal. Se descubrió rápidamente, sin embargo, que este tipo de enseñanza propicia la mera memorización de palabras e ideas que tienen muy poco sentido para los niños.

En el currículo actual la mayoría de los educadores piensan que la Geometría debe ser informal, permitiendo la exploración de ideas en lugar de la memorización de terminología. El promover el entendimiento intuitivo de los conceptos geométricos puede resultar muy útil para los estudiantes que toman el curso de Geometría en la escuela superior.

Por ejemplo, un estudiante que ha recortado un triángulo isosceles (un triángulo con los dos lados congruentes o iguales) y ha vuelto a juntar las piezas para formar un rectángulo tendrá mejores posibilidades de entender porqué el área de un triángulo es 1/2 del producto de su base por su altura.

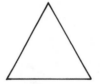 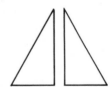

La práctica de la Geometría requiere con frecuencia la habilidad para visualizar objetos en el espacio. Experiencias tempranas con objetos reales ayudan a desarrollar estas destrezas. La visualización espacial es importante tanto para los cursos de matemática así como para la vida cotidiana. Leer y dibujar mapas, saber indicar y seguir direcciones, entender diagramas e ilustraciones al ensamblar juguetes, muebles y otros artículos del hogar, constituyen ejemplos de actividades en las que se requiere visualización espacial.

Las ideas esenciales de la simetría y la proporción están íntimamente ligadas a nuestras vidas; las encontramos en la Arquitectura, el vestir, los diseños comerciales, la ciencia, el arte, la recreación y los fenómenos naturales, por mencionar sólo algunos ejemplos. Tú y tus niños pueden hallar muchas figuras y patrones que representan o contienen ideas geométricas. Así como los niños necesitan muchas experiencias concretas antes de que estén listos para aprender números abstractos, también necesitan de muchas experiencias concretas con formas geométricas.

Otra parte importante del aprendizaje de la Geometría consiste en entender bien el sistema de coordenadas. Utilizando este sistema podemos representar gráficamente información algebráica mediante la colocación de puntos en una rejilla coordenada. Ciertos tipos de ecuaciones resultan en rectas mientras otros tipos resultan en círculos, parábolas y otras figuras. El estar familiarizados con la rejilla coordenada puede resultar en una ventaja real para los estudiantes que asisten a cursos formales de Geometría y Algebra.

Las actividades de esta sección proporcionan experiencias en el movimiento y la visualización de formas geométricas, en el reconocimiento de patrones espaciales, en la representación de movimientos en un plano bi-dimensional y en la utilización de patrones espaciales para reforzar ideas numéricas. La práctica de tales destrezas en el seno del hogar reforzará la confianza que tienen los niños en su habilidad para encarar la Geometría.

Simetrías Simples

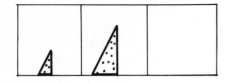

Nivel

Materiales

Papel

  (parte debe ser de colores)

Pintura

Tijeras

Crayolas

Pega

Revistas viejas

Tela o sobrantes de papel

  para empapelar

Porqué

Para ayudar a los niños a entender mejor la simetría bilateral e identificar patrones geométricos.

>> *En la simetría bilateral observamos un patrón reflejado a lo largo de una recta central o eje.* <<

Cómo

Presta ayuda a los niños para que completen correctamente las siguientes instrucciones.

Manchas

- Dobla una hoja de papel por la mitad.

- Abre la hoja y deposita una o varias gotas de pintura o tinta en uno de los dos lados del doblez.

- Dóblala nuevamente y presiona.

- Abrela y observa el diseño obtenido.

Recortes

- Dobla una hoja de papel por la misma mitad y corta alguna forma en el lado del doblez.

- Adivina el diseño que observarás al abrir la parte recortada.

- Pega tu diseño en otra hoja de papel para que lo puedas exhibir.

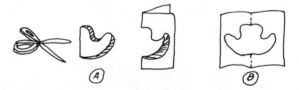

Cortando y Colocando

- Recorta varias formas al margen de un trozo de papel.

- Pega el papel recortado sobre otro trozo de papel de doble longitud.

- Dobla el papel grande a lo largo del margen del papel pequeño y coloca las piezas recortadas en sus espacios correspondientes. Pega las piezas como se indica.

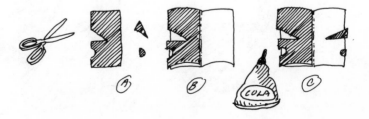

Cono de Nieve

- Comienza con un cuadrado de papel.

- Dóblalo por la mitad.

- Dóblalo nuevamente por la mitad de suerte que tengas una forma cuadrada nuevamente.

- Dobla la figura resultante, nuevamente por la mitad, a lo largo de la diagonal.

- Recorta algún diseño.

- Abre el papel y examina el diseño obtenido.

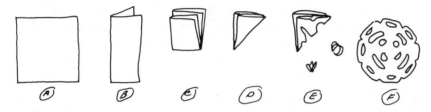

Ilustraciones Simétricas

- Dobla una hoja de papel por la mitad como se indica.

- Dibuja y coloca un mismo diseño en ambas partes del doblez de suerte que sea simétrico.

- Para verificar que realizaste el procedimiento correctamente, abre el papel lentamente y determina si puedes observar simultáneamente el mismo diseño a ambos lados.

- Si comienzas dibujando en la parte opuesta al doblez, el trabajo se te hará más fácil.

- Comienza con algún diseño sencillo.

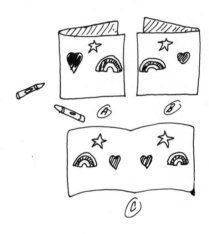

Simetrías del Alfabeto

- Piensa en las letras mayúsculas del alfabeto.

- Escoge alguna, digamos la "C" y escríbela al revés. ¿Qué diferencias observas?

- Escoge otra, digamos la "D" y escríbela al revés. ¿Qué observas?

- ¿Qué ocurre con la "A"? En este caso tenemos una situación diferente ya que la "A" es simétrica-- la mitad derecha es un reflejo fiel de la mitad izquierda.

- Continúa examinando el alfabeto y determina las letras que son simétricas (las que tienen mitades iguales) y las que no lo son (las que cambian al escribirlas al revés.)

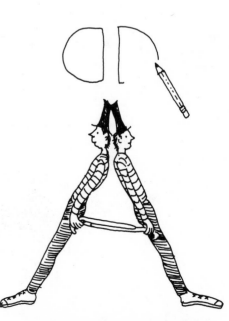

Simetría del Hogar

- ¿Qué objetos simétricos puedes encontrar en tu hogar? Dibuja cada uno de ellos.

Completando la Simetría

- Recorta ilustraciones de algunos diseños en revistas o recorta trozos de tela o papel para empapelar paredes.

- Pega el diseño o los trozos de papel o tela en el centro de una hoja grande de papel.

- Con crayolas o un lápiz, continúa dibujando el diseño del dibujo o de los trozos de papel o tela hasta utilizar todo el papel o completar la simetría.

>> En esta actividad resulta de especial interés el observar a los niños preparando sus diseños. Algunos niños se concentran en los pequeños detalles mientras que otros prestan más atención al arreglo global. Con frecuencia los niños hacen observaciones que se les escapan totalmente a los adultos. En la apreciación de diseños no hay una "forma correcta" de proceder; los niños deben tener amplia libertad para desarrollar sus propias interpretaciónes de los diseños. <<

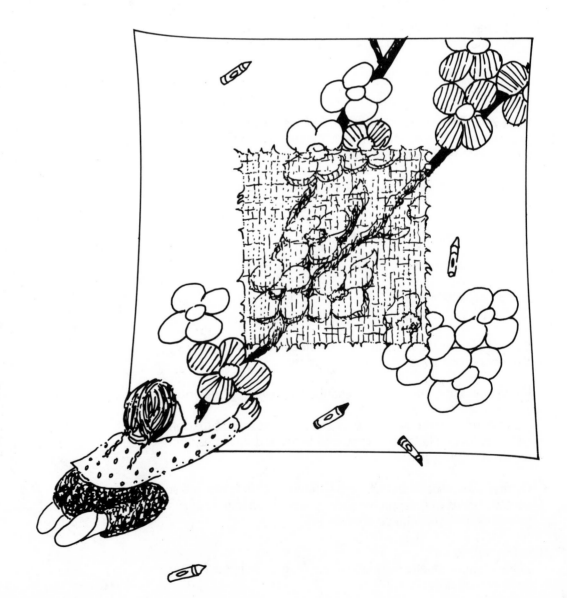

Crea un Rompecabezas

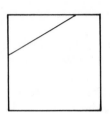

Porqué

Para explorar las atributos de ciertas formas geométricas al construir y resolver una sucesión de rompecabezas.

Cómo

- Comienza con un cuadrado o alguna otra figura de tu agrado.

- Efectúa algún corte rectilíneo en alguna dirección. Por ejemplo:

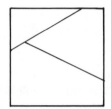

Materiales

Tijeras

Cartulina o papel grueso

- Haz un segundo corte. Por ejemplo:

- Separa las piezas obtenidas y júntalas nuevamente hasta cerciorarte que puedes resolver este rompecabezas.

- Efectúa un tercer corte. Por ejemplo:

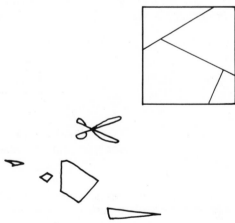
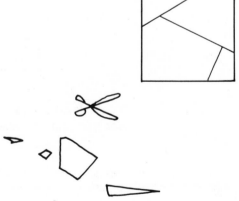

- Practica resolviendo el rompecabezas de cuatro piezas. Ofrécelo a algún amigo o amiga para que lo resuelva.

- Nota especial: Si deseas un rompecabezas más sencillo, podrías colorear el dorso de las piezas con colores diferentes al color del papel o de la cartulina utilizada.

Actividades con Pentóminos

Nivel

Materiales

Lápiz

Papel cuadriculado de

dos centímetros

(Ver la página 80)

Tijeras

Cuadrados de papel

Porqué

Para desarrollar destrezas de visualización espacial.

>> *Esta actividad será de utilidad al niño en el reconocimiento de figuras congruentes y presenta un procedimiento sistemático para identificar características de figuras. Dos figuras son congruentes si tienen exactamente el mismo tamaño y la misma forma.* <<

Cómo

• Esta actividad utiliza figuras formadas con cinco cuadrados.

• Al comenzar, utiliza cuadrados de papel para explorar diferentes arreglos y anota los resultados en el papel cuadriculado.

• Al colocar los cinco cuadrados se requiere que cada cuadrado tenga por lo menos un lado en común con algún otro cuadrado. Si dos cuadrados se tocan, es necesario que compartan todo un lado.

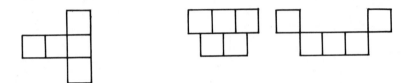

Éste es un pentómino   Éstos no son pentóminos

• Construye tantos pentóminos como puedas, anotando las formas resultantes en el papel de gráficas.

>> *En esta actividad pensaremos que dos pentóminos congruentes son iguales. Si podemos trasladar, invertir o rotar un pentómino para que coincida perfectamente con otro, decimos entonces que los pentóminos son congruentes. Los siguientes pentóminos no son diferentes, son congruentes.* <<

• Estudia los pentóminos cuidadosamente. Marca con una " x " aquellos que piensas se pueden convertir en una caja abierta (sin tapa).

• Recorta los pentóminos marcados y dóblalos para cotejar que puedes formar la caja.

• Clasifica los pentóminos poniendo en un grupo aquellos que se pueden doblar para formar una caja abierta y poniendo todos los demás en un segundo grupo. Examina el segundo grupo con todos los participantes de la actividad y discute con ellos por qué piensas que los pentóminos de este grupo no se pueden doblar en cajas abiertas.

Ideas Adicionales

*   Para los niños mas jóvenes es recomendable comenzar con
    arreglos de tres cuadrados y luego continuar con arreglos de 4
    cuadrados. Ninguno de tales arreglos se puede doblar para
    formar una caja, pero las figuras resultantes se podrían clasificar
    de acuerdo a si son o no simétricas . Recorta cada una de las
    figuras y trata de doblarlas por el medio para mostrar su simetría.
    Notarás que aunque hay figuras que no son simétricas, la mayoria
    si lo son.

Illustr

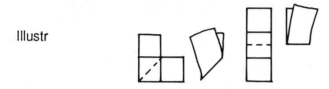

*   Para los niños mayores puedes examinar figuras de seis
    cuadrados. Algunas de estas figuras se pueden doblar para
    formar cubos.

    Si los niños muestran mucho interés, podrías examinar también las
    figuras de siete cuadrados. Esta actividad, sin embargo requiere
    tiempo adicional ya que hay una gran abundancia de tales figuras.

Recorta Una Tarjeta

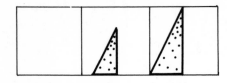

Nivel

Materiales

Rompecabezas para cortar
  una tarjeta.

Papel para practicar 3" x 5"

Tarjetas 3" x 5"

Tijeras

Porqué

Para practicar visualizando un objeto en el espacio y observar los efectos de rotar y cambiar la orientación del objeto.

>> *Los ingenieros al igual que otros que trabajan en la construcción y el diseño necesitan poder visualizar los objetos y sus estructuras de muchas maneras diferentes.* <<

Cómo

• Preparar un rompecabezas para cortar una tarjeta doblando una tarjeta 3" x 5" de la manera que se ilustra en el diágrama.

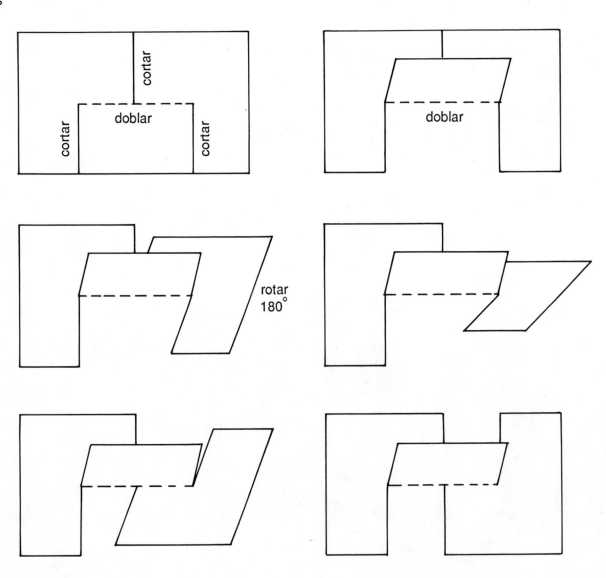

- Pega el objeto resultante sobre una tarjeta más grande o una cartulina.

- Escribe las instrucciones para el rompecabezas en la cartulina.

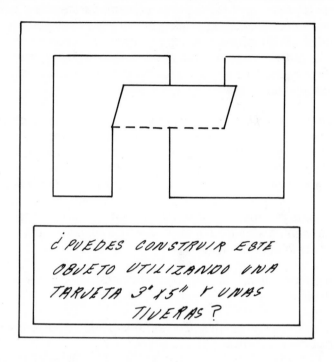

¿PUEDES CONSTRUIR ESTE OBJETO UTILIZANDO UNA TARJETA 3" x 5" Y UNAS TIJERAS?

- Coloca la cartulina con el rompecabezas en algún lugar donde tu familia o la clase puede intentar resolverlo. Abstente de hacer sugerencias de cómo resolverlo. Te sorprenderás de quienes encuentran el rompecabezas difícil y quienes lo encuentran fácil.

Ideas Adicionales
- Halla otros rompecabezas tridimensionales e intenta resolverlos. Las tiendas de juegos tienen con frecuencia una gran variedad de juegos comerciales tales como El Cubo Soma. También la revista **Games** es un buen recurso para conseguir buenos juegos.

Coordenadas I

Nivel

Materiales

Papel cuadriculado

Lápices

Porqué

Para aprender las convenciones que rigen la graficación de puntos en el plano cartesiano.

>> *Mediante la graficación de puntos en el **plano cartesiano** o **plano coordenado** podemos dibujar las gráficas o representaciones geométricas de las ecuaciones algebraicas. Podemos pensar del plano coordenado como un gran cuadriculado, algo análogo al papel de gráficas, en que ciertos números denotan rectas e intersecciones de rectas.*

>> *Los números que denotan las intersecciones de rectas se conocen como **pares ordenados**. Por ejemplo, el par ordenado (3,2) designa el punto de intersección de la recta vertical que queda tres unidades a la derecha de la primera recta vertical y la recta horizontal que queda a tres unidades por encima de la primera recta horizontal. (Ver el diagrama.) A tales intersecciones se les conoce como **puntos**. Un par ordenado siempre se escribe utilizando paréntesis y los números que aparecen en él se conocen como **coordenadas**.*

>> *La primera recta horizontal (abajo) se numera y se conoce como **eje horizontal**.*

>> *La primera recta vertical (a la izquierda) también se numera y se conoce come eje vertical.*

>> *El punto de intersección de los ejes vertical y horizontal se conoce como el **origen** y corresponde al par ordenado (0,0).*

>> *Para localizar un punto primero nos movemos a la **derecha** y luego hacia **arriba**.*

>> *Recuerda moverte a lo largo de las líneas y no a través de los espacios. <<*

Punto de Intersección (3,2)

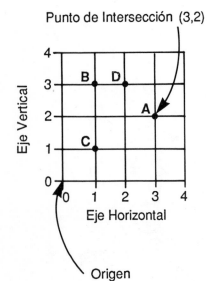

Origen

Cómo

• Utiliza el cuadriculado ilustrado para contestar las siguientes preguntas y localizar los puntos correspondientes.

• ¿Qué letra se encuentra en (3,2)? El par ordenado indica que necesitamos movernos tres lineas hacia la derecha y otras dos líneas hacia arriba para encontrar la letra "A".

• ¿Qué letra está en (2,3)? Aqui nos movemos dos lineas a la derecha y tres hacia arriba. ¿Es la letra que encuentras en (2,3) diferente a la que encontraste en (3,2)? (Sí, es la letra "D".)

• ¿Cuáles son las coordenadas de la letra "B"? [(1,3)].

• Pon algúna marca en (2,0).

• Utiliza un pedazo más grande de papel de gráfica para que resuelvas tus propios problemas.

Primer Cuadrante - Papel Cuadriculado

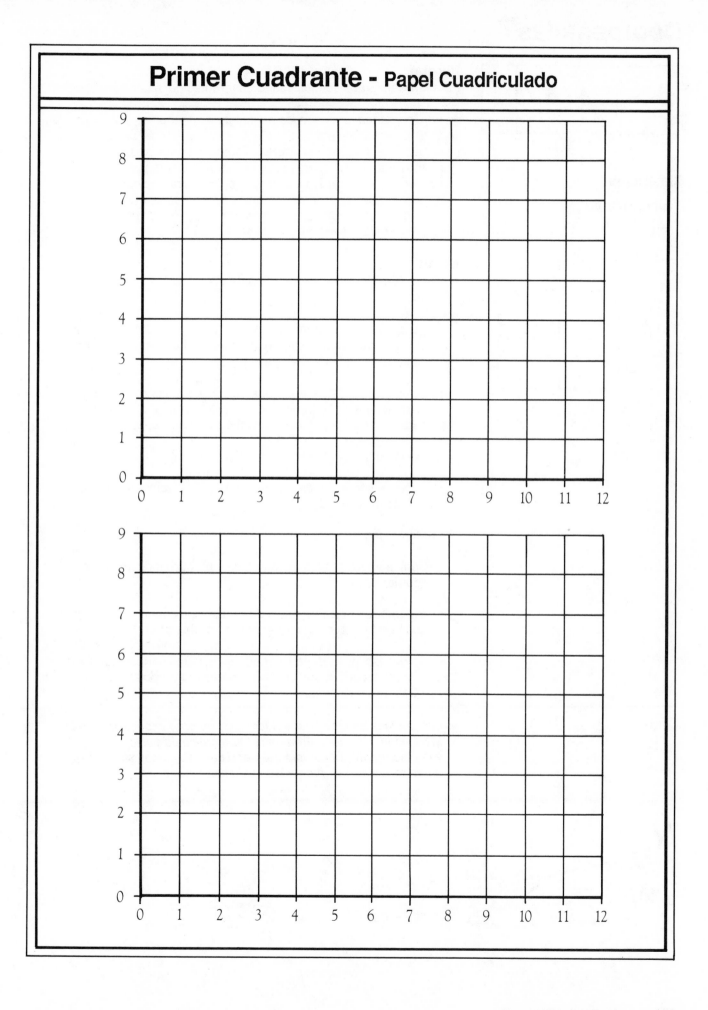

Coordenadas II

Nivel

Materiales

Papel cuadriculado

Lápiz

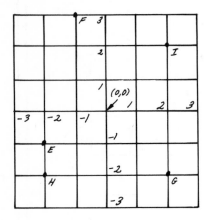

Porqué

Para familiarizarnos con los cuatro cuadrantes del plano cartesiano.

>> *En Coordenadas I todos los puntos mencionados se ubicaban a la derecha y encima del origen (0,0). A esta parte del plano le llamamos el **primer cuadrante**. También hay un segundo, tercero y cuarto cuadrantes. Para poder indicar movimientos hacia la izquierda o hacia abajo a partir de (0,0), utilizamos números negativos. La regla anterior todavía aplica: utilizamos el primer número del par ordenado para movernos horizontalmente y el segundo para movernos verticalmente.* <<

Cómo

• Utiliza la gráfica de la izquierda para contestar las siguientes preguntas.

  • ¿Cuáles son las coordenadas de F? Nos movemos una unidad a la izquierda y tres hacia arriba a partir del origen para llegar a F. Las coordenadas son (-1,3).

  • ¿Cuáles son las coordenadas de G? Aquí nos movemos dos unidades hacia la derecha y dos hacia la abajo a partir del origen para llegar a G. Las coordenadas son pues (2,-2).

  • ¿Qué punto queda en (-2,-1)? (E).

  • ¿Cuáles son las coordenadas de H e I? ¿Cómo difieren de las coordenadas de G?

  • Marca una "x" en (0,-2).

  • Señala varios puntos de la gráfica y practica indicando sus coordenados.

  • Utiliza otras hojas de papel de gráfica con cuatro cuadrantes para que puedas así resolver tus propios problemas.

  • Coloca las letras del abecedario en el plano cartesiano. Escribe mensajes codificados utilizando pares ordenados para denotar las letras que necesitas.

>> *Las gráficas en ejes coordenados son de gran importancia en la Matemática. En esta área de la Matemática se unifican el Algebra y la Geometría. El estudio del plano cartesiano nos sirve para entender mejor las matemáticas avanzadas.* <<

Cuatro Cuadrantes Papel Cuadriculado

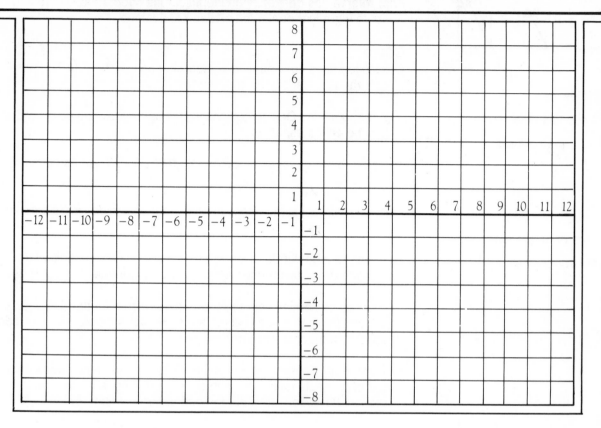

Tic-Tac-Toe Coordenado

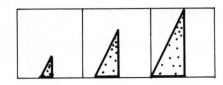

Materiales

Papel cuadriculado 10x10

Lápices o marcadores

Un juego para dos jugadores

  o dos equipos

Porqué

Para reforzar las destrezas de identificar las coordenadas de un punto y graficar puntos en el plano cartesiano.

Cómo

- Este juego es casi idéntico al juego famoso de Tic-Tac-Toe pero con varias excepciones importantes.

    - Las **X**s y las **O**es se colocan en las interseccónes de las rectas y no en los espacios.

    - El tablero es más grande que el de Tic-Tac-Toe-- usualmente 10x10.

    - La meta del juego consiste en alinear cuatro de las Xs o cuatro de las Oes.

    - Los puntos donde se colocan las Xs y las Oes se indican de acuerdo a sus coordenadas. (Ver Coordenadas I, página 192).

- A veces es conveniente utilizar marcadores en lugar de marcar Xs u Oes. De esta manera el tablero no se echa a perder y se puede utilizar en muchas ocasiones.

- Escoge un dirigente del juego. El dirigente del primer juego debe ser el padre, la madre o algún adulto. En juegos posteriores, cualquiera de los participantes puede ser el dirigente.

- Numera dos ejes coordenados en una hoja de papel cuadriculado 10x10 como se indica.

- Los jugadores (o los equipos si hay más de dos participantes) se turnan para indicar los puntos donde se colocarán las Xs o las Oes. Los puntos se deben específicar utilizando sus coordenadas.

- El dirigente mantiene un registro sobre el tablero (con marcas de lápiz o marcadores especiales) de los puntos indicados por cada equipo.

- La meta del juego consiste en conseguir cuatro Xs o cuatro Oes alineadas ininterrumpidamente.

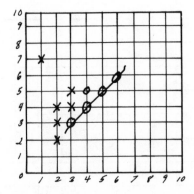

Ideas Adicionales

* Utiliza un tablero que incluya los cuatro cuadrantes de suerte que algunos puntos puedan tener coordenadas negativas.

* Juega con más de dos jugadores o equipos. Cuatro es un número ideal. En este caso escoge dos colores adicionales para los marcadores o utiliza símbolos adicionales a "X" y a "O" como "A" y "B". Este juego toma giros inesperados que usualmente promueven la cooperación entre las personas o equipos contendientes.

Kraken

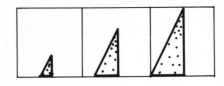

Nivel

Materiales

Papel de Kraken

Lápiz

Marcadores

Un juego para 2

o más personas

Porqué

Para practicar a localizar puntos en un sistema de coordenadas y a utilizar las direcciones cardinales para descubrir al misterioso Kraken.

Cómo

- Repasa las instrucciones para indicar coordenadas. (Ver la página 194.)

- Explica o repasa las direcciones cardinales: Norte, Sur, Este, Oeste, Noreste, Suroeste, etc.

- Escoge un jugador que dirija el primer juego. Los jugadores se turnan para dirigir el juego.

- El dirigente escoge un punto secreto donde se esconde Kraken y anuncia al resto de los jugadores que el temible Kraken está escondido en algún punto del sistema de coordenadas.

- El resto de los jugadores deberán descubrir el punto donde se esconde Kraken.

- Los jugadores se turnan adivinando coordenadas, refiriéndose a éstas como pares ordenados, digamos, por ejemplo, (6,8).

- El dirigente del juego responde a cada coordenada con una clave, indicando a los jugadores la dirección en la que necesitan moverse a partir del punto adivinado para descubrir el escondite de Kraken. Por ejemplo, si Kraken se esconde en (6,8) y las coordenadas adivinadas son (3,4), el dirigente indicaría que es necesario moverse en la dirección Noreste para localizar a Kraken.

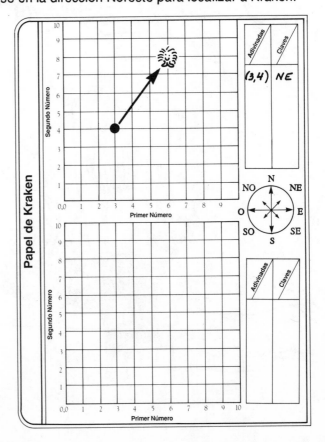

- Los jugadores deberán anotar las coordenadas que han adivinado y las claves correspondientes.

- El dirigente debe anotar claramente la posición de Kraken en una Hoja de Kraken. Luego de cada par de coordenadas adivinadas, la persona que dirige el juego pone una marca temporal sobre el punto adivinado y ofrece la clave correspondiente. Así se evita el error común de dar la dirección opuesta a la que se desea.

- Discute las estrategias utilizadas para adivinar las coordenadas.

Ideas Adicionales
- Juega en un sistema de coordenadas que incluya los cuatro cuadrantes.

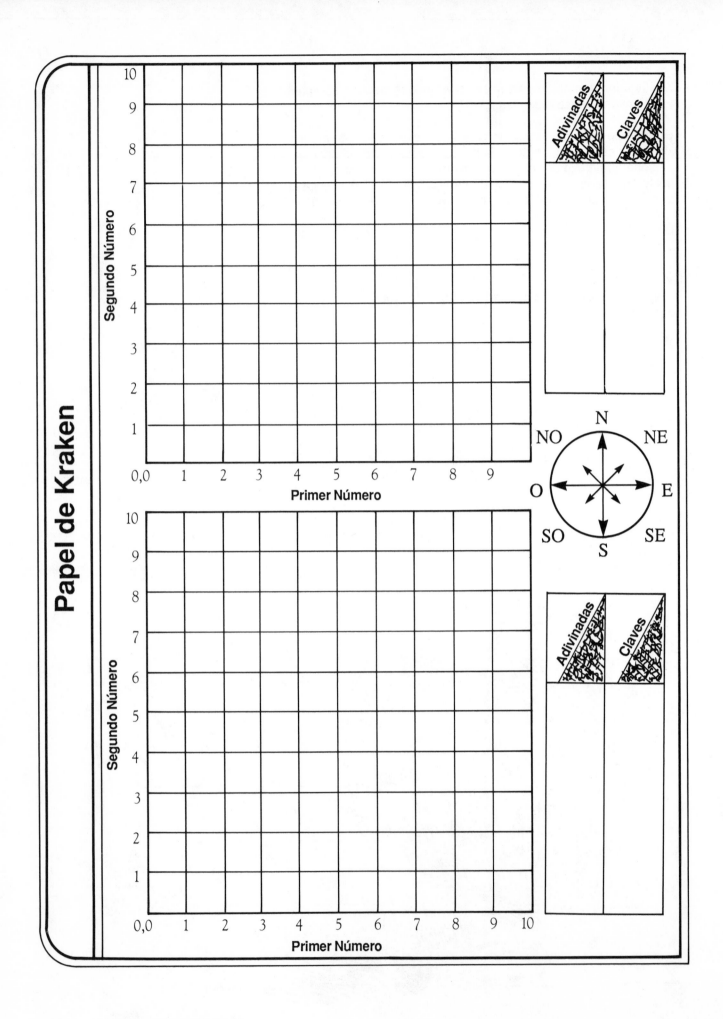

Papel de Kraken

Segundo Número (vertical axis, top grid): 10, 9, 8, 7, 6, 5, 4, 3, 2, 1

Primer Número (horizontal axis, top grid): 0,0 1 2 3 4 5 6 7 8 9

Adivinadas | Claves

N
NO — NE
O — E
SO — SE
S

Segundo Número (vertical axis, bottom grid): 10, 9, 8, 7, 6, 5, 4, 3, 2, 1

Primer Número (horizontal axis, bottom grid): 0,0 1 2 3 4 5 6 7 8 9 10

Adivinadas | Claves

Capítulo IX

PATRONES
Y
TABLAS
NUMÉRICAS

Patrones y Tablas Numéricas

La familiaridad con los patrones que se observan en las tablas numéricas de todo tipo es una de las claves más importantes para tener éxito en las matemáticas. Un niño que ha tenido mucha experiencia trabajando o jugando con tablas, no sólo desarrolla destrezas útiles para la interpretación y la utilización de tablas numéricas, sino que también gana un entendimiento más profundo de los atributos y las relaciones de los números. Esto propicia un mejor entendimiento de los números cuando éstos se utilizan en las fracciones, el Algebra, la Geometría y el Cálculo.

Materiales

Tablas numéricas

   (Ver páginas 203-205)

Marcadores (frijoles, bloques

   pequeños, botones, etc...)

Agujas giratorias

Crayolas, lápices y plumas

En este capítulo introducimos un grupo de actividades basadas en rejillas de números naturales o en tablas de multiplicación. Las actividades incluyen tareas que varían de hallar los números que incluyen el dígito "2" hasta hallar números primos y patrones de números palindrómicos.

Las primeras seis actividades utilizan varias versiones de tablas de números naturales. Un estilo incluye los números de 1 al 100; una segunda versión incluye del 0 al 99; una tercera variante, para ser utilizada con los niños más jóvenes, incluye los números del 1 al 25. Las actividades se pueden realizar también con otras rejillas numéricas tales como la rejilla 7 x 7 consistente de los números de 1 al 49. Cuando la familia haya intentado las actividades presentadas, explora con otras tablas numéricas que representen relaciones numéricas adicionales.

La última actividad utiliza la tabla de multiplicación para demostrar las relaciones entre diferentes números y sus múltiplos.

Tabla de Cien

1	2	3	4	5	6	7	8	9	10
11	12	13	14	15	16	17	18	19	20
21	22	23	24	25	26	27	28	29	30
31	32	33	34	35	36	37	38	39	40
41	42	43	44	45	46	47	48	49	50
51	52	53	54	55	56	57	58	59	60
61	62	63	64	65	66	67	68	69	70
71	72	73	74	75	76	77	78	79	80
81	82	83	84	85	86	87	88	89	90
91	92	93	94	95	96	97	98	99	100

Tabla de Noventa y Nueve

0	1	2	3	4	5	6	7	8	9
10	11	12	13	14	15	16	17	18	19
20	21	22	23	24	25	26	27	28	29
30	31	32	33	34	35	36	37	38	39
40	41	42	43	44	45	46	47	48	49
50	51	52	53	54	55	56	57	58	59
60	61	62	63	64	65	66	67	68	69
70	71	72	73	74	75	76	77	78	79
80	81	82	83	84	85	86	87	88	89
90	91	92	93	94	95	96	97	98	99

Tabla de Veinticinco

1	2	3	4	5
6	7	8	9	10
11	12	13	14	15
16	17	18	19	20
21	22	23	24	25

Cubriendo Patrones

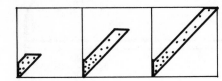

Nivel

Materiales

Tabla de Cien

Marcadores o frijoles

Porqué

Para descubrir patrones visuales entre los primeros 100 números.

Cómo

- Escoge una de las siguientes reglas y cubre en la tabla todos los números que satisfacen la misma. Generalmente es recomendable remover los marcadores de la tabla antes de aplicar una nueva regla. A veces, sin embargo, puedes dejar los marcadores sobre la tabla para ver la relación que existe entre las reglas. Intenta las siguientes reglas:

  - números que contienen el dígito 2.

  - números que contienen el dígito 4.

1	2	3	4	5	6	7	8	9	10
11	12	13	14	15	16	17	18	19	20
21	22	23	24	25	26	27	28	29	30
31	32	33	34	35	36	37	38	39	40
41	42	43	44	45	46	47	48	49	50
51	52	53	54	55	56	57	58	59	60
61	62	63	64	65	66	67	68	69	70
71	72	73	74	76	76	77	78	79	80
81	82	83	84	85	86	87	88	89	90
91	92	93	94	95	96	97	98	99	100

  - números que contienen el dígito 7.

  - números que contienen el dígito 0.

  - números que contienen el dígito 5 en las decenas.

  - números con los dígitos iguales.

  - números cuyos dígitos suman 9.

    Por ejemplo, en el número 45, los dígitos 4 y 5 suman 9. Lo mismo ocurre con el 81 ya que los dígitos 8 y 1 suman 9.

  - números cuyos dígitos forman una diferencia de 1.

    Por ejemplo, en el número 45 los dígitos difieren por 1 ya que 5-4 = 1. Lo mismo sucede con el número 54.

  - números que son múltiplos de 3.

  - números que son múltiplos de 5.

  - números que son exactamente divisibles por 6.

  - números que contienen dígitos de forma circular.

  - números que tienen un factor de 4.

- Estudia los patrones obtenidos mediante la aplicación de las diferentes reglas. La matemática se entiende mejor cuando **vemos** como todos sus aspectos están relacionados.

- Inventa reglas adicionales para que las intenten los otros
  miembros de la familia.

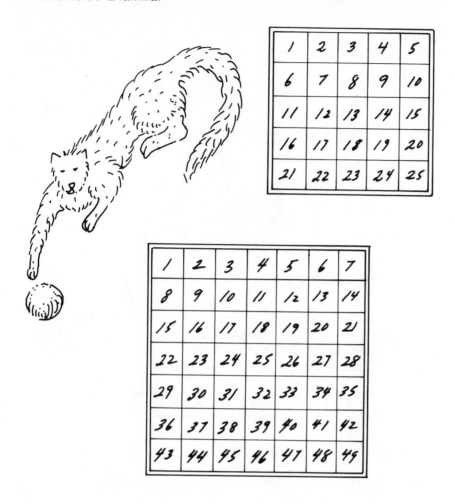

1	2	3	4	5
6	7	8	9	10
11	12	13	14	15
16	17	18	19	20
21	22	23	24	25

1	2	3	4	5	6	7
8	9	10	11	12	13	14
15	16	17	18	19	20	21
22	23	24	25	26	27	28
29	30	31	32	33	34	35
36	37	38	39	40	41	42
43	44	45	46	47	48	49

1	2	3	4	5	6	7	8	9
10	11	12	13	14	15	16	17	18
19	20	21	22	23	24	25	26	27
28	29	30	31	32	33	34	35	36
37	38	39	40	41	42	43	44	45
46	47	48	49	50	51	52	53	54
55	56	57	58	59	60	61	62	63
64	65	66	67	68	69	70	71	72
73	74	75	76	77	78	79	80	81

Antes o Después

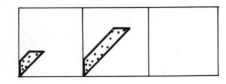

Materiales

Tabla de Cien

Marcadores o frijoles de
   diferentes colores

Aguja giratoria Antes/Después
   (Ver la página 154 para las
   instrucciones de como
   construir agujas giratorias.)

Un juego para
2 jugadores

Porqué
Para practicar moviéndonos sobre una recta numérica.

Cómo
• Prepara una aguja giratoria como la que se indica.

• Con una hoja de papel opaco o cualquier otro objeto, cubre la Tabla de Cien de suerte que sólo se pueda observar la primera fila de la misma. Nota que la primera fila forma una recta numérica con los números del 1 al 10.

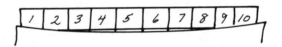

• Los jugadores se turnan para jugar.

• En tu turno escoge un número del 0 al 9, digamos el 7.

• Da vuelta a la aguja giratoria de **Antes/Después.**

• Si obtienes **Antes**, coloca algún marcador un número antes del número que habías escogido. Si escogiste un 7, por ejemplo, colocarías el marcador en el 6.

• Si la aguja giratoria marca **Después**, coloca uno de los marcadores un número después del número que habías escogido. Si escogiste el 7, colocarías entonces el marcador en el 8.

• No se pueden colocar dos marcadores sobre un mismo número. Sin embargo, un jugador puede escoger uno de los números cubiertos antes de girar la aguja.

• Continúa hasta que todos los números se hayan cubierto.

• El jugador que logre colocar más marcadores sobre el tablero gana el juego.

Ideas Adicionales
• Juega con un tablero más grande, por ejemplo, uno que incluya los números del 1 al 19.

• Utiliza la regla de que un jugador deberá cubrir **dos** espacios antes o despúes del número escogido.

Porqué

Para practicar sumando números y familiarizarnos con todas las relaciones numéricas (horizontales, verticales y diagonales) de la Tabla de Cien.

Cómo

• Prepara una aguja giratoria **Más/Menos** como se ilustra.

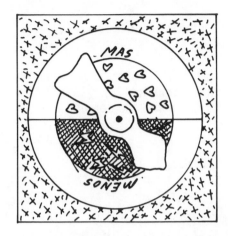

• Puedes utilizar la Tabla de Cien completa o una porción de ésta.

• Dos o cuatro jugadores se turnan para hacer girar la aguja **Más/Menos.**

• Los jugadores aspiran a colocar sobre el tablero cuatro marcadores seguidos, alineados en forma horizontal, vertical o diagonal.

• Al comienzo del juego el grupo de jugadores escoge algún número para el juego, digamos el 5.

• Cuando te corresponda tu turno, escoge algún número del tablero, digamos 27, y haz girar la aguja.

• Si el resultado es **Más,** añade 5 al 27 (o cuenta hacia adelante 5 unidades a partir del 27) y coloca tu marcador sobre el 32.

• Si el resultado es **Menos,** resta 5 del 27 (o cuenta en retroceso 5 unidades a partir del 27) y coloca tu marcador sobre el 22.

• Trata de descubrir patrones que te sirvan de ayuda para alinear los marcadores.

Ideas Adicionales

• Este juego se puede jugar de suerte que los jugadores cooperen unos con otros intentando entre todos alinear cuatro marcadores seguidos.

Más o Menos

Nivel

Materiales

Tabla de Cien

Marcadores para cada jugador

Aguja Giratoria Más/Menos
 (Ver la página 154 para las
 instrucciones de como
 construir una aguja giratoria.)

Un juego para
2-4 personas

Operaciones con la Tabla de Cien

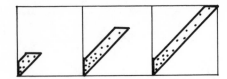

Materiales

Tabla del Cien

Nivel

Porqué

Para entender mejor los valores de posición o valores relativos de nuestro sistema numérico al resolver problemas de suma y resta en la Tabla de Cien.

>> *Esta actividad sirve para ilustrar gráficamente el significado del valor relativo y la diferencia entre las unidades y las decenas.* <<

Cómo

- Señala cualquier número en la mitad superior de la tabla, digamos 25. Descansa tu dedo sobre tal número.

  - Con la otra mano, señala el número al que te moverías si sumaras 3 al número anterior (28). ¿En que dirección te moviste? (Horizontalmente a la derecha.)

  - Señala ahora el número al que te moverías si restaras 3 unidades al número anterior (22). ¿En qué dirección te moviste?

  - Señala el número al cual te moverías si sumaras 10 al número original (35). Determina el camino más corto.

- ¿Qué ocurre con 20 y 30? ¿Qué ocurre cuando sumamos 10 a un número? (El resultado se encuentra en la misma columna del número original, en próxima fila hacia abajo. El camino más corto es directamente hacia abajo.)

- Sumemos ahora un número más complicado al 25, digamos 34.

  - Primeramente señala el número 25.

  - Luego utiliza el dígito de las decenas del 34, es decir 3, para sumar 3 decenas o un total de 30 unidades al 25. Deberás moverte directamente hacia abajo a partir del 25. A medida que te vas moviendo debes ir diciendo en voz alta la cantidad total sumada: "10, 20, 30." Al cabo de haber completado tres movimientos hacia abajo, te encontrarás en el número 55.

  - Utiliza el dígito de las unidades del 34, es decir 4, para sumar 4 unidades al 55. Debes moverte cuatro encasillados a la derecha del 55. A medida que te vas moviendo debes ir diciendo, en voz alta, la cantidad total sumada: "1, 2, 3, 4." Al terminar debes encontrarte en el número 59.

  - ¡Ya hemos completado la suma! Nota que 25 + 34 = 59.

- Trata de sumar 25 + 37 del mismo modo. Notarás que en este caso habrás de llegar al final de una fila y te tendrás que mover al primer número de la izquierda de la próxima fila. Esto corresponde al proceso de sumar llevando cantidades.

- La resta resulta mucho más difícil que la suma para la mayoría de las personas. Debes cerciorarte que los niños puedan realizar con facilidad ejercicios de suma antes de intentar los ejercicios de resta. La resta requiere que nos movamos en las direcciones opuestas a las anteriores, es decir, hacia **arriba** y hacia la **izquierda.**

  - Resta 13 de 27. Te moverás un encasillado hacia arriba a partir del 27 (terminarás en el 17) y luego 3 encasillados a la izquierda (terminarás en el 14.)

  - Trata de restar 25 del 82. Señala el 82. Muévete hacia arriba: "10, 20". Luego hacia la izquierda: "1"; hemos llegado al final de la fila.

  - Para continuar nos movemos a la fila superior en su extremo derecho y continuamos moviéndonos hacia la izquierda: "2, 3, 4, 5." Hemos llegado al número 57.

- Practica utilizando otros números.

Diseños con la Tabla de Cien

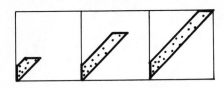

Nivel

Materiales

Tabla de Cien -- 8 copias

Crayolas o plumas para
marcar de 6 colores
diferentes.

Porqué

Para explorar las relaciones existentes entre los múltiplos y los
factores de los primeros 100 números.

>> *Esta actividad muestra cómo hacer representaciones gráficas de
los **múltiplos** y los **divisores** de un número dado, así como de los
múltiplos y los divisores **comunes** de dos o más números. Con
sólo una ligera ojeada podremos ver que 6 es un multiplo común
de 2 y 3 y que 30 es un multiplo común de 2, 3, y 5. Solamente
con examinar los patrones de colores asociados a cada número,
podemos indicar sus factores y múltiplos.*

*El poder reconocer tales patrones resulta de gran importancia no
sólo para la memorización de las propiedades básicas de la
multiplicación y la división, sino tambien para desarrollar un buen
sentido numérico. Esta actividad se debe realizar con extremo
cuidado y pausadamente de suerte que los niños la entiendan
completamente.* <<

Cómo

• Toma una tabla de cien y una crayola o marcador de algún color
  específico, digamos, rojo.

• Escribe el número 2 bastante grande en la parte superior de la
  página.

• Circula el 2 en la tabla y colorea entonces todos los otros múltiplos
  de 2; es decir, todos los números que siguen al 2 si contarás de
  dos en dos -- 4, 6, 8, ..., 100.

• Toma otra tabla de cien y otra crayola o marcador, por ejemplo
  verde.

• Escribe el número 3 en la parte superior de la página.

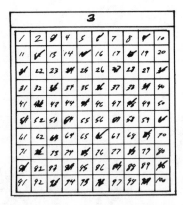

• Circula el 3 en la tabla y luego colorea todos los otros múltiplos de
  3; es decir, 6, 9, 12, ..., 99.

• Continúa este procedimiento con nuevas tablas y colores
  diferentes hasta completar las hojas correspondientes a los
  siguientes números: 2, 3, 5, 7, 11, 13, 17, y 19.

• Coloca las tablas utilizadas una al lado de la otra o cuélgalas de
  alguna pared.

- Estudia los patrones observados en las diferentes tablas y discute con la familia los resultados obtenidos. Al mirar un número cualquiera, ¿Qué observaciones puedes hacer sobre el mismo?

- ¿Qué números no aparecen coloreados en ninguna de las tablas?

>> *Estos números deben ser los ya circulados al igual los siguientes: 23, 29, 31, 37, 41, 43, 47, 53, 59, 61, 67, 71, 73, 79, 83, 89, 91 y 97. Tales son los números primos de la tabla, es decir, aquellos números exceptando el 1 cuyos únicos divisores son el uno y el mismo número.* <<

- Mantén las tablas colgadas de la pared de suerte que los miembros de la familia puedan observarlas detenidamente e intenten descubrir nuevos patrones en las mismas.

Ideas Adicionales

- A los niños muy jóvenes se les puede ayudar a contar. Por ejemplo, al buscar el patrón correspondiente al 3, podríamos indicarles que comenzaran contando "1, 2, 3" y que pusieran un marcador en el número 3. Luego, colocando un dedo sobre el número 3 y contando nuevamente "1, 2, 3" mientras se señalan los números 4, 5 y 6, se coloca otro marcador en el número 6. Los niños continúan de este modo, colocando un dedo en el último número marcado y contando "1, 2, 3" para ubicar el próximo marcador.

- Combina dos o más tablas.

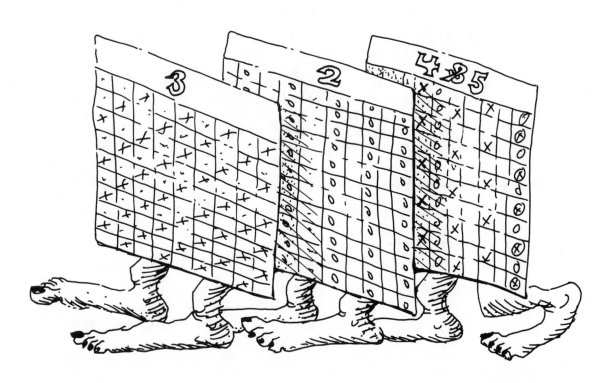

Palíndromos

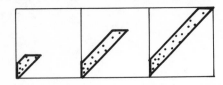

Nivel

Materiales
Tabla de palíndromos
  (Ver página 216)
Crayolas o plumas de
  seis diferentes colores

Porqué
Para desarrollar exactitud en la suma.

>> *Esta actividad genera un interesante patrón en la Tabla de Cien y le proporciona a la familia muchas horas interesantes de práctica en la suma. Se sugiere que todos practiquen utilizando la calculadora electrónica, al menos en alguna parte de la actividad.* <<

Cómo
- Un palíndromo es un número que lee igual a la izquierda y a la derecha. Algunos palíndromos son: 33, 868, 6006 y 52825.

- El número 423 no es un palíndromo, pero sumando lo podemos convertir en uno:

$$\begin{array}{r} 423 \\ + \underline{324} \\ 747 \end{array}$$ ¡Un palíndromo!

- Nota que escribimos el número dado, 423, al revés y lo sumamos al número original.

- Decimos que 423 es un palíndromo de un paso ya que sólo nos tomó una sola suma para convertirlo en un palíndromo.

- Otros números podrían requerir más sumas:

	59	
	+ 95	
Paso 1	154	
	+ 451	59 es un palíndromo de tres pasos
Paso 2	605	
	506	
Paso 3	1111	

- Escoge tus propios números.

- Determina el número de pasos que necesitas para convertir tus números en palíndromos.

- Explora con el resto de la familia los números del 0 al 99. Colorea, utilizando el mismo color, todos los palíndromos de la tabla. Luego utiliza otro color para los palíndromos de un paso y continúa de esta manera hasta que hayas coloreado toda la tabla. Utiliza la tabla que aparece en la página 216.

- ¿Qué patrones puedes descubrir al terminar de colorear la tabla?

Ideas Adicionales
- Determina otros palíndromos utilizando números más grandes.

- Busca ejemplos de palabras palindrómicas como erre y ese.

- Escribe una oración palindrómica.

- Lee la historia de Robert Trebor por Marilyn Burns en el libro **Good Times: Every Kid's Book of Things to Do**.

Tabla de Palindromos

Escoge un color para cada caso

☐ palíndromo   ☐ palíndromo de 1 paso   ☐ palíndromo de 2 pasos

☐ palíndromo de 3 pasos   ☐ palíndromo de 4 pasos

☐ palíndromo de 5 pasos   ☐ palíndromo de 6 pasos

0	1	2	3	4	5	6	7	8	9
10	11	12	13	14	15	16	17	18	19
20	21	22	23	24	25	26	27	28	29
30	31	32	33	34	35	36	37	38	39
40	41	42	43	44	45	46	47	48	49
50	51	52	53	54	55	56	57	58	59
60	61	62	63	64	65	66	67	68	69
70	71	72	73	74	75	76	77	78	79
80	81	82	83	84	85	86	87	88	89
90	91	92	93	94	95	96	97	98	99

Diseños de la Multiplicación

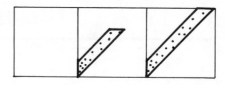

Porqué

Para reconocer las propiedades de la multiplicación y entender la relación entre un número y sus múltiplos.

>> *El poder reconocer multiplos con facilidad es de gran importancia en la suma, la resta, la reducción de fracciones, la división larga y el Algebra en general.* <<

Cómo

- Escoge un número de 2 a 12 y escríbelo en la parte superior del tablero de los Diseños de la Multiplicación.

- Justo sobre la tabla de multiplicación del tablero, escribe todos los múltiplos del número escogido que aparecen en la tabla.

- Para cada uno de los múltiplos obtenidos deberás determinar los lugares en la tabla donde aparece el mismo y luego colorear los cuadrados correspondientes. (Ver el ejemplo que sigue.)

- Compara el diseño que has obtenido con el de alguna persona que escogió otro número. También puedes escoger otro número del 2 al 12 y preparar un nuevo diseño.

- Discute los patrones producidos con otros números. ¿Porqué son los patrones del 8 y del 9 más complicados que los del 7?

Materiales

Tableros de **Diseños de Multiplicación** con varias tablas de multiplicación

Crayolas o plumas para marcar

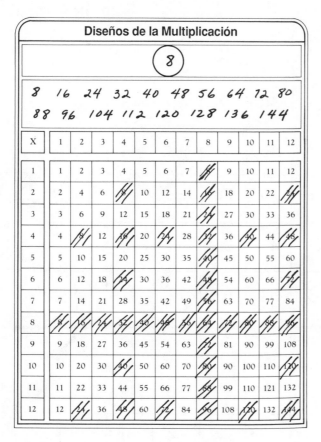

Diseños de la Multiplicación

(8)

8 16 24 32 40 48 56 64 72 80
88 96 104 112 120 128 136 144

X	1	2	3	4	5	6	7	8	9	10	11	12
1	1	2	3	4	5	6	7	8	9	10	11	12
2	2	4	6	8	10	12	14	16	18	20	22	24
3	3	6	9	12	15	18	21	24	27	30	33	36
4	4	8	12	16	20	24	28	32	36	40	44	48
5	5	10	15	20	25	30	35	40	45	50	55	60
6	6	12	18	24	30	36	42	48	54	60	66	72
7	7	14	21	28	35	42	49	56	63	70	77	84
8	8	16	24	32	40	48	56	64	72	80	88	96
9	9	18	27	36	45	54	63	72	81	90	99	108
10	10	20	30	40	50	60	70	80	90	100	110	120
11	11	22	33	44	55	66	77	88	99	110	121	132
12	12	24	36	48	60	72	84	96	108	120	132	144

Diseños de la Multiplicación

X	1	2	3	4	5	6	7	8	9	10	11	12
1	1	2	3	4	5	6	7	8	9	10	11	12
2	2	4	6	8	10	12	14	16	18	20	22	24
3	3	6	9	12	15	18	21	24	27	30	33	36
4	4	8	12	16	20	24	28	32	36	40	44	48
5	5	10	15	20	25	30	35	40	45	50	55	60
6	6	12	18	24	30	36	42	48	54	60	66	72
7	7	14	21	28	35	42	49	56	63	70	77	84
8	8	16	24	32	40	48	56	64	72	80	88	96
9	9	18	27	36	45	54	63	72	81	90	99	108
10	10	20	30	40	50	60	70	80	90	100	110	120
11	11	22	33	44	55	66	77	88	99	110	121	132
12	12	24	36	48	60	72	84	96	108	120	132	144

Ideas Adicionales
* Colorea el diseño obtenido con dos números en un mismo tablero.
  Para ideas adicionales sobre diseños numéricos, examina el libro
  Designs from Mathematical Patterns de Stanley Bezuska,
  Margaret Kenney y Linda Silvey.

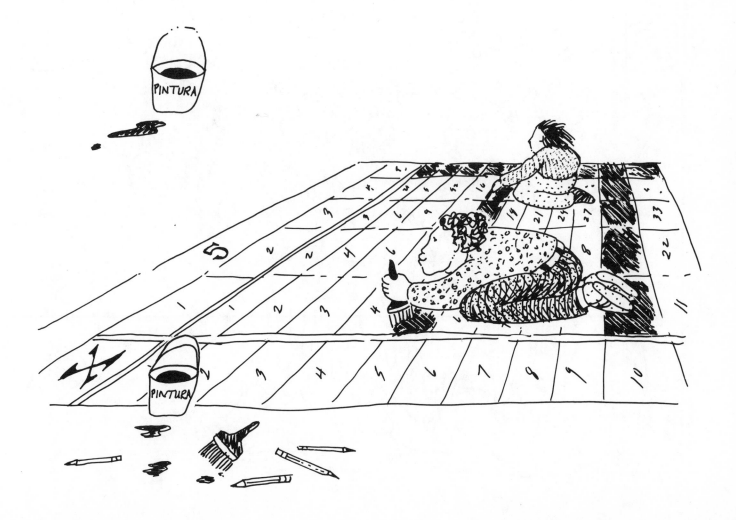

Capítulo X

ESTIMACIÓN, CALCULADORAS Y MICRO-COMPUTADORAS

Estimación, Calculadoras y Microcomputadoras

La era de la tecnología ha cambiado las necesidades de la educación matemática. Los estudiantes necesitan aprender cómo utilizar las nuevas herramientas tecnológicas y cómo desarrollar el poder de la estimación.

Estimación

Las destrezas de estimación son útiles en todas las áreas de la matemática. En la escuela los niños aprenden inicialmente sobre la estimación al redondear números. Los estudiantes adquieren técnicas para estimar medidas de peso, longitud, área, volumen y otras cantidades tales como el número de personas en un pasadía o el número de cacahuates en un envase.

La calculadora y la computadora permiten a los estudiantes cometer errores numéricos más rápidos y sorprendentes al oprimir las teclas equivocadas o al no pensar. Consecuentemente, los estudiantes necesitan desarrollar destrezas de estimación para poder decidir cuán plausibles son sus respuestas y cuán precisa debe ser una contestación.

Las personas se suelen sorprender cuando descubren que dependen mucho de la estimación al contestar preguntas como: ¿A qué hora debo salir de casa para llegar a tiempo al juego de pelota?, ¿Cuál es el tamaño del pedazo de cartón que necesito para practicar mi acrobacia sobre el mismo?, ¿Deberé tomar la autopista durante la hora del tráfico pesado o resultará más rápido manejar a través de las calles de la ciudad?, ¿Qué largo debe tener el rabo para mi cometa?, ¿Tengo suficiente dinero en efectivo para comprar provisiones?

Un ejercicio revelador para los padres y los niños en las clases de Matemática para la Familia fué desarrollado por Marilyn Burns:

- Haz un listado de diez formas en que has utilizado la Aritmética en las últimas dos semanas (fuera de la escuela).

- Indica luego si cada una de las entradas de la lista requirió una contestación exacta o una aproximada.

- Categoriza las entradas de la lista de acuerdo a si los cálculos se realizarán con papel o lápiz o mentalmente o con alguna máquina como una calculadora o máquina registradora.

Tal parece que la mayoría de los adultos raramente recurren al papel y el lápiz para realizar la aritmética que surge en el diario vivir. La mayoría de los adultos utilizan, los estimados y la aritmética mental o sino utilizan una calculadora o alguna otra máquina.

Utilizando la Estimación en Matemática para la Familia

La parte más difícil para enseñar estimación es comenzar. Aun cuando puedas convencer a la gente de la utilidad de la estimación, notarás que las personas se resisten a abandonar el sentido de seguridad que proporcionan los cálculos matemáticos. Tú, como padre, podrías servir de modelo a los niños al realizar con la familia actividades positivas que envuelven la toma de ciertos riesgos tales

Materiales

Cronómetro o reloj con
   segundero

Papel

Lápiz o pluma

Tarjetas 5" x 8"

Cinta adhesiva

Calculadoras

Marcadores de juegos

Dados o aguja giratoria

como **Preguntas Rápidas** (Página 229), **Senderos de la Calculadora** (Página 235) o **Mide 15** (Página 46)

Presentadas en forma amena y no amenazantes, estas actividades mostrarán a los niños y los adultos que lo peor que puede ocurrir en Matemática para la Familia a alguien que adivina "incorrectamente" la contestación a una pregunta es **nada.** Nadie saca una pluma o lápiz rojo; no existe consecuencia negativa alguna por no conseguir la contestación "correcta". En efecto, la comisión de un error se puede considerar como una gran oportunidad para aprender y compartir información.

Relacionada a la disposición de arriesgarse a cometer equivo-caciones está la noción de que el proceso es más importante que el resultado final. Tanto los niños como los padres necesitan saber que los procesos que utilizan o aprenden en la resolución de problemas son mucho más valiosos que cualquier resultado específico. Se nos hace fácil comunicar a los niños o a una clase de Matemática para la Familia palabras sobre la mayor importancia del proceso que el producto final o frases de encomio cuando surgen discusiones de estrategias. Sin embargo, con muchísima frecuencia la reacción de encomio más espotánea y entusiasta es: "¡Lo lográste!, ¡Estupendo!", lo cual sólo refuerza el resultado final y no el proceso. Nuestras subsecuentes palabras de elogio por la forma en que se obtuvo la contestación "correcta" parecen un tanto anticlimácticas. Es necesario que continuemos ideando formas de mostrar y comunicar a niños y adultos que valoramos el proceso más que el producto final.

La estimación es parecida a la acción de enfocar nuestra vista sobre algún objeto; las cosas de momento cobran más claridad e importancia. La atención se centra en el proceso matemático, no en los detalles de efectuar algún cálculo y los beneficios pueden ser impresionantes.

Una vez te hayas convencido de la necesidad de estimar y luego de haber estimulado a los niños o a tu clase a relajarse y olvidar sus inhibiciones para evitar cometer errores, el resto resultará fácil. Sencillamente comienza a estimar y no pierdas oportunidad alguna de pedir a los niños o a la clase que practiquen la estimación.

En casa puedes pedir a los niños que estimen las siguientes cantidades.

- Ahora son las 4:30. ¿Qué hora será cuando regreses de comprar leche?

- ¿ Cuántas uvas hay en el racimo?

- ¿Cuántos palillos de dientes hay en el envase?

- ¿Cuál es el costo de la compra?

- ¿Cuáles son las dimensiones de la ventana de la cocina?

- ¿Cuántos automóviles rebasaremos en nuestro viaje a la tienda?

- ¿Cuántas ventanas tiene esa casa?

- ¿Cuántas personas asistirán al juego de fútbol?

Algunos ejemplos para una clase de Matemática para la Familia siguen a continuación:

- Si coloco el café a las 6:30 y ahora son las 6:45, ¿cuándo crees que se encenderá la luz roja indicando que el café está listo?

- ¿Cuántas personas hay aquí ésta noche (estima antes de contar)?

- ¿Cuántos cuadrados crees que hay en ésta gráfica?, ¿Más o menos de 120?, ¿De 150?, ¿De 1000?

- No he estimado nada por más de 30 minutos. ¿Quién sabe de algo para estimar?

El incentivo y la habilidad para realizar frecuentes y juiciosos estimados de eventos cuantitativos cotidianos, constituyen un verdadero presente matemático para los niños.

Calculadoras

La calculadora es un instrumento poderoso en el aprendizaje y puede ser de gran ayuda para que los niños puedan aprender todo lo que se espera que dominen de el currículo de hoy día: destrezas para la resolución de problemas, Geometría, Probabilidad, Pensamiento Lógico, Estadística, etc.

Recomendamos inequívocamente que se desarrolle en los niños de todas las edades escolares la destreza de utilizar correctamente una calculadora electrónica. Estos instrumentos no son para ser utilizados solamente por los niños aprovechados, quienes ya conocen bien los datos numéricos básicos y los algoritmos numéricos más importantes, y los niños con rezagos, quienes aún no conocen las tablas de multiplicación ni pueden completar correctamente un problema de división larga. Todos los niños deben tener la oportunidad de aprender a usar la calculadora eficientemente, lo cual requiere un entendimiento conceptual de la Aritmética. Por consiguiente, a pesar de que la utilización de la calculadora reducirá el tiempo que los niños necesitan invertir efectuando páginas y páginas de cálculos aritméticos, aumentará por otra parte la necesidad de los niños de aprender cómo funciona la Aritmética y qué significan realmente los números.

Ya no tenemos la necesidad de calcular raíces cuadradas rápidamente sin utilizar calculadoras. Más importante que ésto es conocer suficiente sobre la raíz cuadrada de los números como para reconocer rápidamente que $\sqrt{129,465}$ queda entre 300 y 400 y más cerca de 400, ya que 300 x 300= 90,000, 400 x 400 = 160,000 y 129,465 queda más cerca de 160,000 que de 90,000.

Las transformaciones del mercado y la fuerza laboral han creado un cambio crítico respecto a las preguntas sobre la Aritmética que los niños deben saber contestar. Ya no es suficiente saber sumar, restar, multiplicar, dividir y calcular por cientos. Es igualmente importante saber **cuándo** es apropiado multiplicar o dividir.

Hasta ahora los niños han tenido que invertir gran parte de su tiempo efectuando prácticas de sumas y división larga que la mayoría de la gente aprendía sólo para convertirse en técnicos y no para ganar destrezas en la resolución de problemas. Resultados de pruebas muestran que nuestros niños están mejorando su habilidad para efectuar cálculos con papel y lápiz pero su rezago en el área de las destrezas de razonamiento está aumentando. Necesitamos un cambio de prioridades para permitir a los niños utilizar máquinas de calcular e invertir el tiempo ahorrado en aprender mejor lo que las calculadoras son incapaces de hacer: razonar.

Utilizando Calculadoras en Matemática para la Familia

Las calculadoras también son instrumentos divertidos y fascinantes de estudiar. Hemos incluido varias actividades que hacen interesante el descubrimiento del poder y las limitaciones de estas maravillas electrónicas.

Resulta más fácil hablar sobre las calculadoras si todo el mundo tiene una. Recomendamos que en el ambiente de una clase las familias traigan sus propias calculadoras o utilicen algún grupo de calculadoras iguales reservadas para utilizarse en clase.

Si proyectas comprar una calculadora (o un grupo de ellas para utilizar en clase) trata de conseguir calculadoras que se apaguen automáticamente cuando no están en uso, que estén fuertemente construidas y que contengan funciones de memoria y teclas de por ciento. Tales calculadoras suelen ser muy baratas; se pueden conseguir por $5.00 ó menos.

Deben haber calculadoras disponibles en el hogar y en las clases de Matemática para la Familia, así como hay papel, bloques y frijoles para ayudar en la resolución de problemas.

Estimación Cotidiana

Porqué
Para hacer de la estimación un proceso consciente de la vida cotidiana.

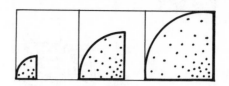

Nivel

>>*La estimación es una parte integral de nuestra vida cotidiana. Las personas que compran en el mercado estiman si tienen suficiente dinero para pagar por los artículos comprados. Los encargados de garages estiman el costo de las reparaciones de los automoviles. Los contratistas estiman el costo de los edificios. Los padres y madres de familia estiman el tiempo que debe transcurrir antes de que los niños lleguen a casa. La estimación puede ser además un instrumento poderoso que le brinda al estudiante un control adicional en las áreas mas formales de la matemática. Cuando alguien se detiene a estimar el resultado antes de resolver un problema, el problema mismo cobra más sentido y se hace más manejable.* <<

Materiales
Cronómetro o reloj con
  segundero
Papel y lápiz

Cómo
La siguiente lista de preguntas es sólo un comienzo. Mientras practicas la estimación con el resto de la familia descubrirás muchas otras posibilidades. Para cada una de las preguntas presentadas deberás estimar la contestación, anotarla y luego determinar la contestación correcta.

- ¿Cuántas veces al día se abre la puerta del refrigerador?
  Coloca una hoja de papel sobre la puerta del refrigerador de suerte que se haga una marca sobre la hoja cada vez que alguien abre la puerta. ¿Cómo compara tu contestación con lo observado?

- ¿Cuántas veces masticas la comida antes de tragarle?
  ¡Pide a otra persona que cuente por ti de suerte que te puedas concentrar en comer! Prueba con diferentes tipos de comida.

- ¿Cuántas monedas de un centavo lleva el adulto promedio en su persona?
  Pregunta por lo menos a diez personas.

- ¿Cuántas páginas tiene un diccionario?
  Si tienes más de un diccionario, toma el promedio.

- ¿Cuántas veces aparece el dígito "1" en un calendario?
  ¿Necesitas acaso un calendario para determinar la contestación correcta a esta pregunta?

- ¿Cuántos libros hay en la biblioteca de la escuela?
  Para comenzar cuenta los libros en varias tablillas y luego cuenta el número total de tablillas.

- ¿Cuántas ventanas tiene tu casa?
  Cuéntalas.

- ¿Cuántos pies cuadrados mide el área que cubre la sala de tu casa?
  Si la sala tiene forma rectangular, mide ambas direcciones y multiplica los resultados. Asi obtendrás el área deseada.

- ¿Cuántas letras del alfabeto no estan incluidas en ninguno de los nombres de los días de la semana?
  Prepara un listado de las letras y otro de los días. Compara ambos listados y elimina las letras comunes a ambos listados.

- ¿Cuántas gavetas para almacenar objetos hay en tu casa?
  ¡Cuéntalas!

- ¿Cuántos gramos de comida enlatada tiene la familia en la alacena?
  Lee las etiquetas, has una lista de los pesos y determina el total.

- ¿Cuántos pasos hay entre la puerta de entrada y la puerta de salida de tu casa?
  Camina los pasos. ¿Cuáles son más exactos, los pasos largos o los pasos cortos que se obtienen al colocar un pie delante del otro haciendo contacto entre ellos?

- ¿Cuál es la palabra más larga en la página 75 de tu diccionario?
  Examina la página y cuenta.

- ¿Cuál es la diferencia entre la palabra más corta y la más larga en la página de la pregunta anterior?
  Examina, cuenta y resta.

Preguntas Rápidas

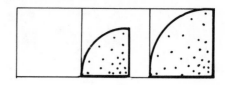

Nivel

Porqué
Para practicar estimando.

>> La habilidad para estimar tiene muchas facetas. La persona que estima debe estar dispuesta a hacer conjeturas educadas. Redondear eficazmente para poder realizar cálculos mentales rápidos también es importante. Además, poder estimar promedios mentalmente puede ser de gran utilidad.

>> Nota: En esta actividad se necesitan por lo menos 10 personas. La actividad se podría realizar en una reunión de jovenes, en alguna fiesta de cumpleaños o simplemente durante algún dia lluvioso cuando todos los niños buscan algo interesante que hacer. <<

Materiales
Tarjetas 5 x 8

Cinta adhesiva

Una hoja de contestaciones
   para cada participante

Una actividad para
   realizar en grupo

Preparación
* Escribe una de las preguntas de la página 231 en cada una de las tarjetas. Prepara suficientes tarjetas de manera que haya una pregunta para cada participante. Algunas preguntas podrían estar repetidas o podrías inventar tus propias preguntas.

* Prepara suficientes copias de la hoja de contestaciones para todos los participantes.

Instrucciones
* Distribuye una hoja de contestaciones a cada participante.

* Pega una pregunta a la espalda de una persona sin que esta última vea la pregunta.

* Explica al grupo que cada persona estimará las contestaciones a las preguntas que los otros llevan sobre sus espaldas.

* Cada persona pedirá a cinco otras que contesten su pregunta sin leerla en voz alta. Las contestaciones se deberán anotar en la hoja de contestaciones. Advierte a los participantes que las preguntas varían en la dificultad que presentan para hacer los estimados correspondientes.

* Luego de recibir cinco contestaciones, cada persona escribe los estimados de menor a mayor.

* El participante luego estima el promedio de las contestaciones recibidas. Debes recordar al grupo cómo calcular promedios: suma las cinco cantidades y divide por cinco. Es preferible que utilicen calculadoras los participantes que así lo deseen.

* Cuando todos hayan completado sus cálculos, pide a la primera persona que lea su pregunta e informe el promedio de los resultados obtenidos. Pregunta al grupo si creen que el resultado es alto, bajo, o aproximadamente correcto.

* Continúa con otras preguntas.

* Luego de que cada pregunta se haya leído y se haya presentado el promedio de los estimados, el dirigente de la actividad deberá suministrar la mejor contestación obtenida por él dadas sus fuentes de información.

>>Algunas preguntas tendrán contestaciones exactas, pero otras no. Para algunas de las preguntas, la contestación será un estimado. Es posible que decidas hablar de alguna información valiosa a pesar de que las cifras exactas referentes a ésa información se desconozcan. Por ejemplo, un fabricante de muebles tiene que estimar cuantas mesas construir. Tal estimado se fundamentará en otros estimados sobre el número de mesas de este tipo que los consumidores desearán comprar. <<

Ideas Adicionales
Esta actividad también se puede realizar leyendo las preguntas en voz alta.

• Las personas pueden trabajar en pares y comentar los resultados estimados.

• Luego de estimar las contestaciones, presenta tus contestaciones (Ver la página 258 para las contestaciones.)

Preguntas Rápidas

Estima las contestaciones a las siguientes preguntas:

1. ¿Cuánto suman $3.09, $1.89, $0.49 y $2.51?

2. Si 600 botellas se colocan en cajas de 24 botellas, ¿Cuántas cajas se necesitan?

3. ¿Aproximadamente cuántos segundos hay en un día?

4. Si regalas un millón de dólares a razón de $50 por hora, ¿Cuánto tardarás en repartir todo el dinero?

5. ¿Cuántas veces al día, en promedio, se ríe un norteamericano?

6. ¿Cuántas veces al dia, en promedio, parpadea un norteamericano?

7. Contando etiquetas, letreros, etc., ¿Cuántos mensajes comerciales, en promedio, ve un norteamericano por año?

8. ¿Cuántos perros calientes, en promedio, come al año un norteamericano?

9. En 1983, las mujeres compraron más del 45% de los automóviles vendidos en los Estados Unidos de Norteamérica, ¿Qué porciento de las microcomputadoras vendidas en los Estados Unidos en l983 compraron las mujeres?

10. ¿Cuántas latas de gaseosa de 12 onzas, en promedio, bebe al año un norteamericano?

11. ¿Cuál es el largo de una linea trazada, en promedio, por un lápiz (hasta que se gaste)?

12. Aproximadamente, ¿Cuántos niños escuchas habían en Pakistan en 1978?

Ver la página 258 para las contestaciones.

Preguntas Rápidas - Hoja de Contestaciones

Las contestaciones que recibí
de otras personas:

1._____

2._____

3._____

4._____

5._____

Promedio estimado:_____

Promedio: _____

Alcance: de_____ a_____

Las contestaciones que recibí
de otras personas:

1._____

2._____

3._____

4._____

5._____

Promedio estimado:_____

Promedio: _____

Alcance: de_____ a_____

Las contestaciones que recibí
de otras personas:

1._____

2._____

3._____

4._____

5._____

Promedio estimado:_____

Promedio: _____

Alcance: de_____ a_____

Las contestaciones que recibí
de otras personas:

1._____

2._____

3._____

4._____

5._____

Promedio estimado:_____

Promedio: _____

Alcance: de_____ a_____

Experiencias Claves con la Calculador
Un Requisito para las Actividades de la Calculadora

Porqué

Para que aprendas el funcionamiento básico de la calculadora, preparándote así para años seguidos de satisfación al utilizar la misma y muchas horas de entretenimiento con las actividades **Los Cálculos Costosos de la Tia Bebe, Senderos de la Calculadora, Números Perdidos, Reglas Perdidas** y otras. Juega con tu calculadora y descubre su funcionamiento.

Cómo

- **Encendiéndola**-- Busca el botón o interruptor de encendido (ON/OFF). Algunas calculadoras se apagan automaticamente si se dejan encendidas accidentalmente. Algunas calculadoras solares no tienen ningún boton o tecla para apagarlas (OFF).

- **Aclarando** la Calculadora-- Una tecla especial (CLEAR) sirve para eliminar información vieja de la calculadora. Es una buena idea aclarar la calculadora antes de efectuar nuevos cálculos en ella. Para sólo aclarar un error cometido en el medio de algun cálculo, podemos oprimir la tecla CE (CLEAR ENTRY). Esta tecla aclara el último número que aparece en la ventanilla pero conserva toda la información referente a las operaciones por efectuar.

- **Calculando** sumas, productos, diferencias y cocientes. Inventa una serie de problemas para que cada miembro de la familia primero **estime** y luego **calcule** el resultado. Por ejemplo, para:

Estudiantes jóvenes:	Estudiantes de escuela intermedia:
30 + 10	65 + 42
30 − 10	65 − 42
30 X 10	65 X 42
30 ÷ 10	65 ÷ 10

Si una calculadora no tiene signo de igual (=), ello no significa que es inútil, sino más bien, que funciona con una lógica especial no-algebraica. A menos que tu familia conozca bien los varios tipos de calculadoras, es recomendable que comiencen por utilizar una calculadora con tecla de igual (=).

- **Utilizando la tecla constante**. Es posible hacer que la mayoría de las calculadoras "recuerden" un número y una operación dada a ser utilizadas repetidamente. Esta habilidad para utilizar "constantes" funciona de varias maneras dependiendo del tipo de calculadora utilizada. Un poco de determinación te revelarán el método correcto de hacerlo en tu calculadora.
  - Cuenta de dos en dos.
  - Intenta 2 + 2 =, =, =, =. Esto funciona usualmente. Otras calculadoras prefieren 2 + + 2 =, =, =. ¿Cómo funciona la tuya?
  - ¿Cómo se pueden utilizar las constantes en la multiplicación, la division y la resta?

- **Mensajes de la calculadora.** Determina cómo te indica la calculadora que trató de dividir por cero, que creó un número mayor a los que puede manejar o que almacenó alguna cantidad en alguna memoria. El poder reconocer y entender tales mensajes resulta muy útil y nos puede ahorrar trabajo en cálculos extensos.

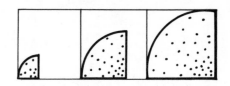

Nivel

Materiales

Calculadora-- por lo menos
una por familia

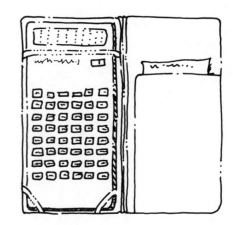

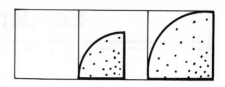

Porqué
Para practicar la estimación y el cálculo mental.

Cómo
- Decide cuál tablero de juego deseas utilizar. Hay tableros para la suma, la suma y la resta, la multiplicación y la división.

- El objeto de juego consiste en escoger correctamente, mediante la estimación, números que sirven para establecer un camino que cruce el tablero de un lado al lado opuesto. Los lados opuestos del tablero aparecen marcados con los mismos símbolos, ya sean estrellitas o círculos ennegrecidos.

- Para llegar al lado opuesto podemos escoger cualquier camino y con tantas curvas como sean necesarias.

- Las instrucciones que aparecen en los tableros indican que los jugadores se turnan para participar pero el juego se podría jugar también con equipos de dos o más jugadores que cooperan unos con otros.

- Los jugadores o los equipos utilizan la estimación para escoger los números que desean en cada turno.

- Luego de haber anunciado los números escogidos al otro jugador o equipo, se utiliza una calculadora para determinar, como sea el caso, la suma, la diferencia, el producto o el cociente de los números dados.

- El jugador o equipo coloca un marcador sobre el número calculado si el mismo aparece in el tablero pero aún no está cubierto.

Materiales
Tableros de juegos
  (Ver las páginas 236-239)
Marcadores de dos colores
Calculadora

Un juego para
dos jugadores

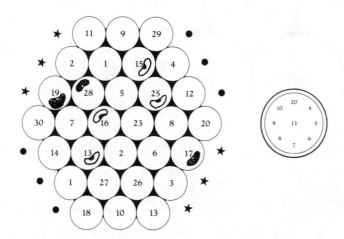

- Si el número calculado no aparece, el jugador o equipo no podrá colocar marcador alguno sobre el tablero y el turno le corresponde al otro jugador o equipo. En algunas ocasiones los números calculados no aparecen en el tablero mientras que en otras los mismos ya están cubiertos.

- Para ganar, el jugador o equipo deberá cubrir un camino de números que conecte dos lados opuestos del tablero de juego.

Senderos de la Calculadora Suma

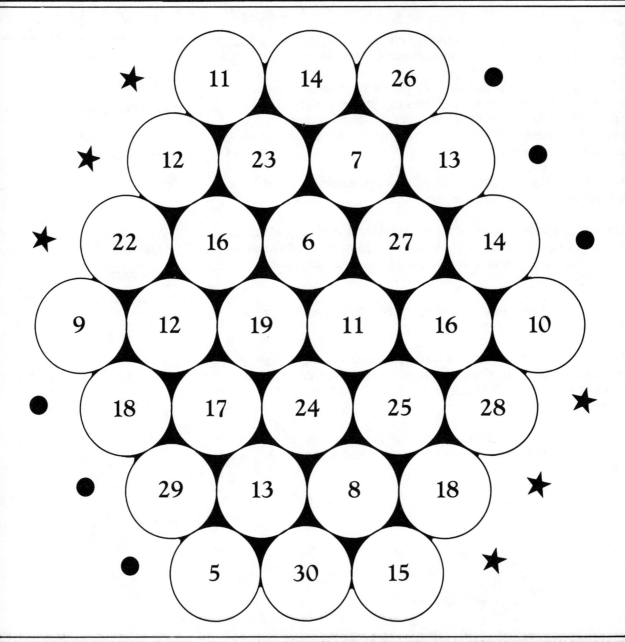

* Los jugadores se turnan para jugar.
* Escoge dos números del círculo grande.
* Suma los números.
* Si el resultado obtenido es un número del tablero que no está cubierto, cubre el mismo con un marcador.
* Para ganar: Forma un camino continuo con tus marcadores, que conecte tus dos lados del tablero.
* El primer jugador se mueve entre los lados con estrellas y el segundo jugador se mueve entre los lados con los círculos ennegrecidos.

Senderos de la Calculadora Suma y Resta

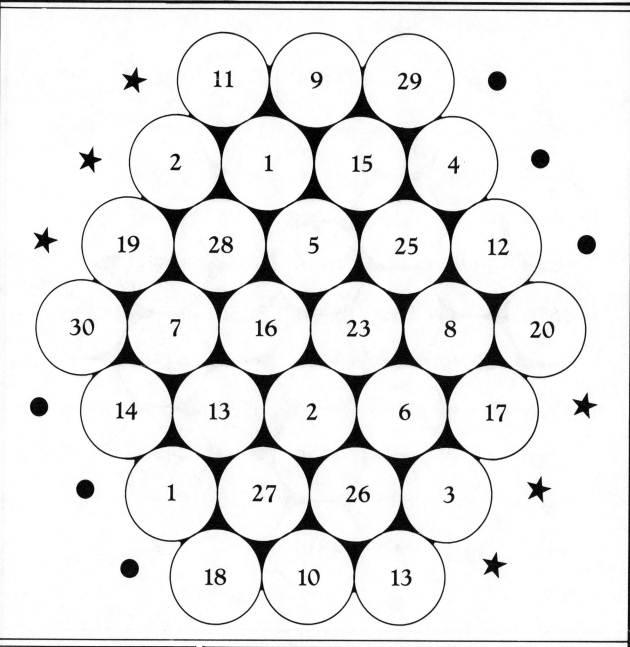

* Los jugadores se turnan para jugar.
* Escoge dos números del círculo grande.
* Suma o resta los números.
* Si el resultado obtenido es un número del tablero que no está cubierto, cubre el mismo con un marcador.
* Para ganar: Forma un camino continuo con tus marcadores, que conecte tus dos lados del tablero.
* El primer jugador se mueve entre los lados con estrellas y el segundo jugador se mueve entre los lados con los círculos ennegrecidos.

Senderos de la Calculadora Multiplicación

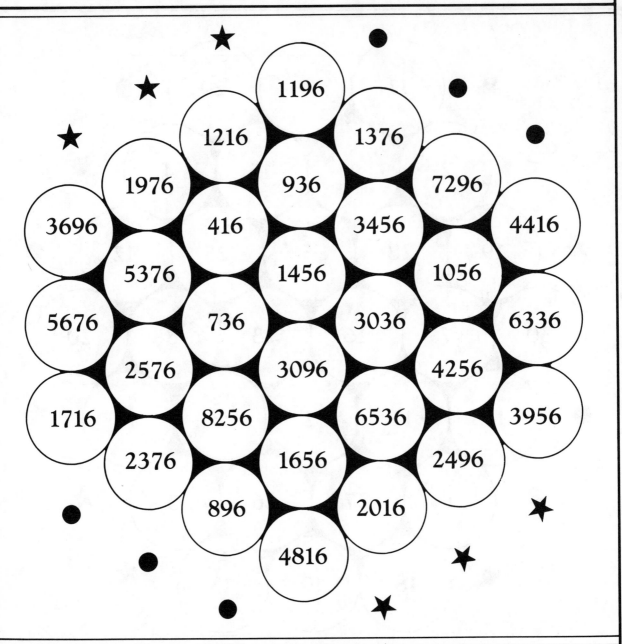

1196
1216   1376
1976   936   7296
3696   416   3456   4416
5376   1456   1056
5676   736   3036   6336
2576   3096   4256
1716   8256   6536   3956
2376   1656   2496
896   2016
4816

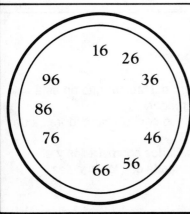

16   26
96   36
86
76   46
66   56

* Los jugadores se turnan para jugar.
* Escoge dos números del círculo grande.
* Multiplica los números en la calculadora.
* Si el resultado obtenido es un número del tablero que no está cubierto, cubre el mismo con un marcador.
* Para ganar: Forma un camino continuo con tus marcadores, que conecte tus dos lados del tablero.
* El primer jugador se mueve entre los lados con estrellas y el segundo jugador se mueve entre los lados con los círculos ennegrecidos.

Senderos de la Calculadora División

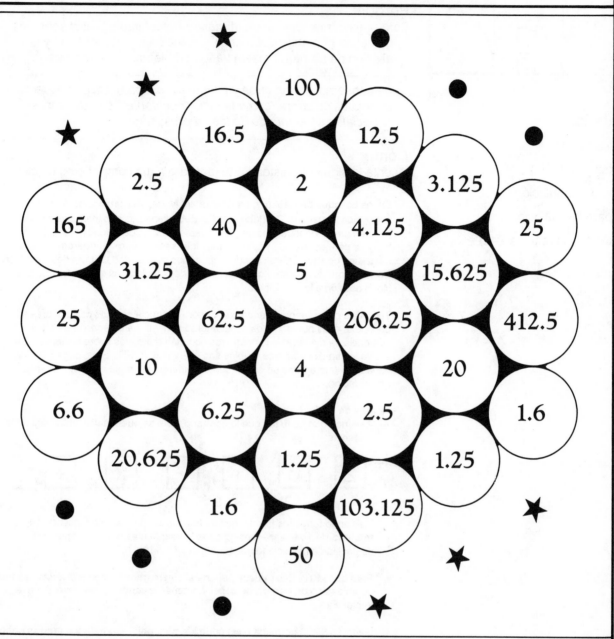

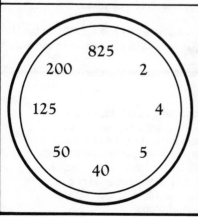

* Los jugadores se turnan para jugar.
* Escoge dos números del círculo grande.
* Divide el número mayor por el menor y determina el cociente.
* Si el resultado obtenido es un número del tablero que no está cubierto, cubre el mismo con un marcador.
* Para ganar: Forma un camino continuo con tus marcadores, que conecte tus dos lados del tablero.
* El primer jugador se mueve entre los lados con estrellas y el segundo jugador se mueve entre los lados con los círculos ennegrecidos.

El Concurso de los Cálculos Costosos de la Tía Bebe

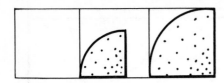

Nivel

Materiales

Calculadoras

Papel y lapíz

Hoja de Tabulación
   para los Cálculos
   Costosos (página 242)

Porqué

Para practicar la estimación utilizando datos interesantes sobre los números, la planificación en la resolución de un problema y la división de un problema en varios problemas más sencillos.

>> *La cooperación con otros y el dominio de los hallazgos especiales de una calculadora (como la tecla "constante") son destrezas especiales en el mundo de las empresas.* <<

Cómo

Cuenta la siguiente historia a tu familia o a tus compañeros de clase.

En los bosques de Nedbury, en Dakota del Norte, vive una viejecita muy excéntrica llamada la Tía Bebe. La Tía Bebe tiene muchos intereses entre los que se cuentan los panqueques de papa y las máquinas de calcular. El concurso de hornear panqueques de papas es muy interesante, pero guardaremos su relato hasta una ocasión futura cuando discutamos la actividad **Cocina de la Familia**. Por el momento relataremos un concurso de calculadoras que se le ocurrió en cierta ocasión a la Tía Bebe.

Todos los concursantes tienen calculadoras especiales. Las calculadoras son parecidas a las que estamos acostumbrados a ver, pero tienen una notable diferencia: la mayoría de los números no están marcados sobre las teclas. En efecto los únicos números visibles son el 2 y el 6. La Tía Bebe paga $100 por cada tecla que oprime un concursante siguiendo las reglas que aparecen a continuación.

Reglas de la Tía Bebe

- A menos que se te indique lo contrario, sólo se puedes utilizar las siguientes teclas:

- Utilizando todas las formas que se te ocurran, pero sólo oprimiendo un **máximo** de 10 teclas, consigue que los siguientes números aparezcan en la ventanilla de la calculadora: 12, 30, 19, 13, 110 y 6.2.

- Para que la Tía Bebe pueda pagarte el dinero ganado, deberás anotar las teclas oprimidas en un pedazo de papel y obtener la contestación correcta en la ventanilla.

- Ganarás $4.00 por cada tecla oprimida para obtener en **diez o menos pasos** uno de los siguientes números en la ventanilla: 0.16, 6.4 y 0.03.

- Si utilizas la memoria de la calculadora para obtener 0.16, 6.4, o 0.03 en la ventanilla en diez o menos pasos, sólo ganarás $0.25 por cada tecla oprimida.

- A más tardar, todas las soluciones se deben entregar tres días luego de comenzado el concurso.

La Tía Bebe sólo organizó uno de estos concursos ya que los participantes terminaron por enriquecerse a costa de ella, al descubrir los secretos de la calculadora. La vecina de la Tía Bebe se convirtió en tal experta que alegaba que con sólo la tecla del 4 y con suficientes teclas de operaciones ella podía conseguir en la ventanilla todos los números del 0 al 100. La vecina tuvo ocasión de mostrar que sí podía lograr tal asaña. En esa ocasión otro vecino la retó a que consiguiera todos los números del 0 al 100 utilizando sólo los dígitos del año en curso..., pero ésta ya es otra historia.

¿ Qué tal te irá en el concurso de los cálculos costosos de la Tía Bebe?

• Da a cada participante una Hoja de Tabulación para los Cálculos Costosos.

• Revisa las reglas del concurso y los ejemplos que se presentan.

• Practica con algunos números.

• Anota tus soluciones a los problemas de los primeros 6 números.

FORMA DE OBTENER 12	FORMA DE OBTENER 30	FORMA DE OBTENER 19
1. 2 X 6	1. 6 X 6 - 6	1.
2.	2.	2.
3.	3.	3.
4.		

Hoja de Tabulación
para los Cálculos Costosos

- Utiliza sólo las siguientes teclas:

$$\boxed{2}\ ,\ \boxed{6}\ ,\ \boxed{+}\ ,\ \boxed{-}\ ,\ \boxed{\times}\ ,\ \boxed{\div}\ ,\ \boxed{=}$$

- Debes conseguir los siguientes números en la ventanilla: 12, 30, 19, 13, 110, 6.2
- Haz que los números aparezcan en la ventanilla utilizando todas las formas que se te ocurran, pero sin oprimir más de 10 teclas en cada caso.
- Si ganaste $1.00 por cada tecla oprimida, ¿cuánto ganaste?
- Por ejemplo,

$$\boxed{2}\ ,\ \boxed{\times}\ ,\ \boxed{2}\ ,\ \boxed{\times}\ ,\ \boxed{6}\ ,\ \boxed{-}\ ,\ \boxed{2}\ ,\ \boxed{\div}\ ,\ \boxed{2}\ ,\ \boxed{=}$$

es una solución de $10 para el número 11.

Número	Teclas	Ganancia
12		
30		
19		
13		
110		
6.2		

Tic-Tac-Toe-Redondeando en Fila

Porqué
Para practicar la estimación y el redondeo de números.

>> *Estimar y redondear correctamente son destrezas muy útiles en la era de la calculadora. Este juego sirve para desarrollar estas destrezas y también para practicar la utilización de estrategias.* <<

Cómo

>> *Este juego se parece mucha al juego clásico de Tic-Tac-Toe, con una notable excepción. La posición de los marcadores se determina sumando (o multiplicando) y luego redondeando el resultado obtenido, de suerte que se obtenga el número más cercano a algún número del tablero.*

>> *Hay dos tableros de juego. Ambos tableros muestran números redondeados a la decena más cercana. Los tableros no contienen las contestaciones exactas ya que en esta actividad deseamos practicar redondeando números.*

>> *Utiliza el tablero más apropiado para tu familia.* <<

- Los jugadores (o equipos) se turnan.

- En cada turno un jugador escoge dos números de la **Reserva de Sumandos** (o **Reserva de Factores**) y determina su suma (o su producto, como sea el caso.) Se podría utilizar una calculadora para determinar el resultado correcto.

- El jugador entonces localiza sobre el tablero de juego el número redondeado más cercano a la suma o al producto obtenido y coloca su marcador sobre tal número.

- El primer jugador que logre colocar cuatro de sus marcadores seguidos en una fila horizontal, vertical o diagonal, gana el juego.

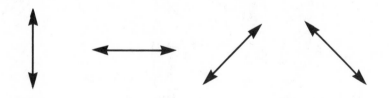

>> *Para redondear a la decena más cercana se procede del siguiente modo:*

>> *Si el dígito de las unidades es cuatro o menos, el número redondeado es el múltiplo de 10 más cercano menor o igual al número dado. Por ejemplo 762 se redondea a 760 o 76 decenas.*

>> *Si el dígito de las unidades es por lo menos cinco, el número redondeado es el múltiplo de 10 más cercano mayor al número dado. Por ejemplo 768 se redondea a 770 o 77 decenas.*

Materiales
Tablero de Tic-Tac-Toe-
   Suma o Resta
   (Ver las páginas 245-246)
Marcadores de dos colores

*Un juego para
dos jugadores
o dos equipos*

Nivel

>> *Reglas similares aplican para redondear a la centena más cercana. Si las decenas y unidades juntas representan un número menor que 50 (49 o menos) el número redondeado será el múltiplo de 100 más cercano menor o igual al número dado. Si las decenas y las unidades describen un 50 o más, entonces el número redondeado habrá de ser el múltiplo de 100 más cercano mayor que el número dado. Por ejemplo 369 redondea a 400 o (4 centenas) y 128 redondea a 100 (o 1 centena.)* <<

Tablero de la Calculadora Suma

* Los jugadores se turnan para jugar.
* En su turno, cada jugador escoge dos números de la reserva de sumandos.
* Halla la suma de los dos números. Puedes utilizar la calculadora.
* Halla el número del tablero que está **más cercano a la suma** y coloca tu marcador sobre éste.
* El primer jugador en colocar cuatro marcadores en una hilera horizontal, vertical o diagonal es el ganador.
* Los números del tablero están redondeados a la decena más cercana.

	4	7	11	23	31	42
Reserva de sumandos			49	62	70	

30	100	40	80	20
80	60	120	70	100
50	110	10	90	50
120	70	130	60	110
20	90	40	130	30

Tablero de la Calculadora Multiplicación

* Los jugadores se turnan para jugar.
* En su turno, cada jugador escoge dos números de la reserva de multipicandos.
* Halla el producto de los dos números. Puedes utilizar la calculadora.
* Halla el número del tablero que está **más cercano al producto** y coloca tu marcador sobre éste.
* El primer jugador en colocar cuatro marcadores en una hilera horizontal, vertical o diagonal es el ganador.
* Los números del tablero están redondeados a la decena más cercana.

Reserva de multiplicandos

3	23	31	47	16	18
	17	59	13		

140	1460	180	940	390	1830
370	850	1080	210	50	1060
750	70	270	410	30	220
710	300	500	90	310	40
290	560	50	800	1360	770
50	610	1000	2770	230	400

Las Reglas Perdidas

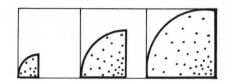

Nivel

Porqué
Para practicar el reconocimiento de patrones y entender mejor ciertas relaciones numéricas.

>> *Una **función** es una regla matemática especial que sirve para asignar una contestación única a cada número presentado. Por ejemplo, la regla podría ser "multiplica por 4" de suerte que si pensamos en 3, la contestación es 12 y si pensamos en 10, la contestación es 40. Desde luego, las reglas podrían ser mas complicadas, como por ejemplo, "multiplicar por 4 y sumar 5" o "restar 6 y dividir por 10." En esta actividad consideramos únicamente reglas con una sola operación.*

Aquellos estudiantes que deseen estudiar matemáticas más avanzadas, como el Cálculo, necesitan entender bien la idea de una función y la forma en que ésta se utiliza en la Matemática. Los juegos y los ejercicios de funciones son recursos de especial importancia para que los estudiantes más jóvenes practiquen la aritmética. <<

Materiales
Calculadora con función
  constante

Cómo
• Antes de introducir la actividad a tu familia procura practicar instrumentando funciones en la calculadora. Una regla sencilla es la de "sumar 3." Para instrumentar esta regla en la calculadora podemos oprimir $\boxed{+}\ \boxed{3}\ \boxed{=}$. Para "ocultar" la regla, oprime cualquier otro número, como el $\boxed{5}$, y vuelve a oprimir la tecla $\boxed{=}$. Prueba con otros números, sin olvidar que primero deberás oprimir el número deseado y luego la tecla de $\boxed{=}$.

• Cuando estés seguro de que eres capaz de "ocultar" números en la calculadora, narra la siguiente historia a tu familia:

Un aburrido día de invierno, la Tía Bebe intentaba buscar en uno de sus viejos armarios llenos de cachivaches, algún juego interesante que sirviera par entretener a los niños. Fué así que se tropezó con una vieja calculadora. Emocionada, la Tía Bebe explicó a los niños: "Hacía ya algún tiempo que me preguntaba por el paradero de mi calculadora. Ésta fué mi buena amiga hasta que sus malas mañas me obligaron a desterrarla al armario de los cachivaches. La muy malamañosa perdía todas las reglas de las funciones. ¡Apuesto que aún tiene miles de reglas escondidas! ¡Tratemos de encontrarlas!"

Los niños acordaron ayudar a la Tía Bebe a buscar las reglas perdidas. La Tía Bebe hizo que los niños se turnaran para decirle un número. Ella lo entraba a la calculadora, oprimía la tecla de = y anotaba el número obtenido en la ventanilla. He aquí algunos de los números de los niños y las claves obtenidas con la vieja calculadora de la Tía Bebe:

Número de entrada	Clave de salida en la ventanilla
5	10
10	20
3	6
8	16
2	4

Luego de examinar la tabla, todos pensaron haber dado con la regla y conjeturaron que era "multiplicar por 2." Alguien dijo que la regla era "doblar el número" y luego de una corta discusión todos convencieron que las dos reglas describían el mismo procedimiento con palabras diferentes.

Los niños y la Tía Bebe verificaron que la regla trabajaba con otros números.

La Tía Bebe les enseñó a los niños otra forma de verificar los resultados. Dijo la Tía Bebe que se podía utilizar la regla inversa de suerte que si entramos los números claves se obtiene 1 en el caso de la multiplicación y la división y 0 en el caso de la suma o la resta. Todos utilizaron el nuevo criterio de verificación sugerido por la Tía Bebe, el cual funcionó a las mil maravillas.

- Puedes decir a tu familia que tienes una calculadora como la de la Tía Bebe, con una regla perdida en su interior. Si la familia se turnara diciéndote números para entrar en tu calculadora, quizás entre todos pudieran descubrir la regla.

- Cada regla puede incluir a lo sumo una operación.

- Luego de entrar en la calculadora cada número sugerido, oprime la tecla de $\boxed{=}$ y anota el resultado obtenido.

- Cuando alguien piense que ha dado con la regla, pídele que te sugiera un número de entrada y que adivine el resultado que se obtendrá en la ventanilla. Luego prueba el número sugerido. Permite que otros traten de adivinar la regla hasta que hayan consumido 10 turnos o hayan dado con la regla.

- Si hay alguien que experimenta una dificultad especial reconociendo las reglas, prueba una regla sencilla, como +2 o x2.

- Cuando todos entiendan bien la idea envuelta en el juego, enséñales como ocultar la regla en la calculadora. Los jugadores tomarán turnos escondiendo alguna regla en la calculadora.

- Discute abiertamente los patrones observados y el procedimiento utilizado por algunas personas para descubrir las reglas más complicadas.

El Número Perdido

Porqué

Para practicar el reconocimiento de patrones y entender mejor las relaciones inversas.

>> *Para comprender la Matemática es necesario que podamos observar e interpretar relaciones numéricas. Una de las relaciones más importantes en la Matemática es la relación* **inversa**. *Dado un número cualquiera diferente de cero, es posible dar con otro número tal que al multiplicarlo por el número dado se obtiene la contestación de 1. Este número es el* **inverso multiplicativo** *o* **recíproco** *del número dado.*

Por ejemplo el recíproco de 9 es 1/9 ya que 9 x 1/9 = 1. Además, dado un número cualquiera, podemos determinar otro número de suerte que la suma de ambos es 0. El número determinado es el **inverso aditivo** *del número dado. Por ejemplo, como 9 + (-9) = 0, el inverso aditivo de 9 es -9.*

Esta actividad explota la idea del inverso multiplicativo, introduciendo un paso intermedio de suerte que la ecuación lee 9 x 1/9 = 9÷9 = 1. Un número se entra a la calculadora para que divida a otros números; si se divide a si mismo el resultado es 1. <<

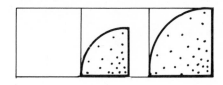

Nivel

Materiales

Calculadora con función constante

Cómo

- Antes de introducir la actividad a la familia debes familiarizarte con la utilización de la tecla constante de la calculadora para la división. Practica con varios números hasta cerciorarte de que la puedes operar correctamente. En la mayoría de las calculadoras, la constante se puede operar oprimiendo primeramente la tecla de ÷ luego un número y finalmente la tecla de =. Por ejemplo ÷ [7] [8] [2] [=] hace que muchas calculadoras dividan por 782 al entrar algún número a la ventanilla y oprimir la tecla de = .

- Cuando hayas ganado confianza utilizando la tecla constante en la división, "oculta" algún número en la calculadora y relata la siguiente historia a la familia:

> Cierto día la Tía Bebe reunió a todos los niños y niñas del vecindario y les hizo partícipes de un descubrimiento. La Tía Bebe acababa de descubrir que su calculadora tenía un número oculto en su interior y necesitaba la ayuda de todos los niños y niñas para tratar de descubrirlo. De acuerdo a la Tía Bebe las instrucciones de la calculadora para recobrar números ocultos indicaban que se debían seguir al pie de la letra los siguientes pasos.
> - Entrar a la calculadora un número de 3 dígitos.
>
> - Oprimir la tecla de =.
>
> - Escribir el resultado obtenido en la ventanilla; ésta es la clave.
>
> - Repetir los pasos anteriores para acumular más claves.
>
> - El número de tres dígitos que resulta en una clave de 1 en la ventanilla es el número perdido.
>
> A la Tía Bebe y sus amiguitos les tomó 10 intentos adivinar el número oculto. ¿Cuántos intentos te tomará a ti descubrir el número perdido?

• Pide a los miembros de la familia que te ofrezcan números. Anota los mismos con sus claves resultantes de suerte que todos los puedan observar. Estimula la cooperación entre los participantes para que puedan adivinar mejor. He aquí un juego con el número 782 oculto:

Número Adivinado	Clave (en la ventanilla)
123	0.157289
100	0.1278772
999	1.2774936
888	1.1355498
777	0.9936061
788	1.0076726
780	0.997424
785	1.0038363
783	1.0012787
782	1.

• Luego de terminado el primer juego, discute las formas en que se utilizan las claves para descubrir el número oculto. Luego de completar varios juegos, muestra al grupo como ocultar números en la calculadora. Los jugadores se deben turnar para ocultar los números. Promueve la discusión de estrategias para descubrir el número oculto en el número mínimo de pasos.

Pseudo-Monopolio

Porqué

Para practicar el cálculo de porcientos y la utilización de la calculadora electrónica.

>> *Esta actividad aplica la matemática del salón de clases a situaciones del diario vivir que envuelven impuestos variables, compras, bonos y teneduría de libros.* <<

Cómo

• **Lee las instrucciones antes de empezar a jugar.**

• Este juego puede durar un largo rato. Podría ser conveniente acordar un tiempo límite antes de comenzar a jugar.

El juego

• Los jugadores se turnan para tirar dos dados o utilizar una aguja giratoria en dos ocasiones corridas.

• Utiliza los dos números obtenidos para formar un número de dos dígitos que representa la cantidad de dinero ganada en el turno. Por ejemplo, si obtienes un 2 y un 4, podrías decidir ganar $24 o $42.

• Sin embargo, ¡deberás pagar impuestos!

Tabla de Impuestos

$11--$26	paga	15%	de lo ganado
$31--$46	paga	25%	de lo ganado
$51--$66	paga	35%	de lo ganado

>> *Para calcular el tanto porciento, convierte el porciento dado a decimal (15% se convierte a .15) y multiplica la fracción decimal resultante por la cantidad ganada.* <<

• Calcula el impuesto correspondiente y réstalo de la cantidad ganada.

• Redondea luego de cada operación.

• Todas las cantidades que envuelven dólares y centavos se redondean al dólar más cercano. (Las cantidades de $.50 se redondean a un dólar.)

Primera jugada

$25 ganados   15% de impuestos: $3.75 redondea a $4.
 - 4
$21 netos ganados

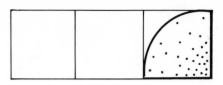

Nivel

Materiales

Papel y lápiz

Un par de dados o una aguja
 giratoria con números
 1, 2, 3, 4, 5, 6

Calculadora

Tarjetas con los números
 2, 3, 5, 7, 11

- Por ejemplo, $21.32 se convierte en $21; $24.85 se convierte en $25; $28.50 en $29.

- Debes llevar tus cuentas con nitidez. Lee la sección **Teneduría de Libros.**

Números Primos

- Luego de la primera ronda de juego si tienes suficiente dinero, puedes comprar un número primo. Los números primos disponibles son 2,3,5,7, y 11.

- Los números primos cuestan $500 multiplicado por el recíproco del número. Por ejemplo, 7 cuesta 1/7 x 500 ó $71.43. Redondeado, el precio es $71.

>> *El **recíproco** de un número diferente a cero se obtiene al dividir 1 por el número. El recíproco de 5 es 1/5 y el de 36 es 1/36.* <<

- Si alguien escoge un número divisible por algún número primo perteneciente a otro jugador, la persona deberá pagar una comisión del 50% de lo ganado luego de restar los impuestos.

>> *Un número es divisible por un segundo número si lo podemos dividir **exactamente** por el segundo número (el residuo debe ser cero).* <<

- Si necesitas dinero en efectivo, puedes vender tu número primo por su costo original menos el 10% de interés.

Bonos

- Si escoges al tirar los dados (o girar la aguja en dos ocasiones) un número primo mayor de 20, recibirás una gratificación del 20% antes de calcular los intereses.

- Deberás pagar intereses por la **nueva** cantidad. Por ejemplo, si escoges el 31, tendrás una gratificación de $6 para ganar un total de $37. El impuesto aplicable es el 25% de $37; es decir, $9.

Segunda jugada

$31 ganados 20% de gratificación prima; $6.20 redondea a $6
+6   gratificación
$37
- 9   25% de impuestos; $9.25 redondea a $9
$28 netos ganados

Ganador

- El ganador es la persona que haya acumulado más dinero al momento de detener el juego, luego de que todos los jugadores hayan vendido los números primos en su posesión.

Teneduría de Libros

- Todos los jugadores deberán registrar claramente sus cuentas.

- Antes de consumir su turno, cualquier jugador podría examinar las cantidades anotadas por los otros jugadores y puede cobrarles $10 si descubre algún error.

- Las cantidades del juego se deben registrar de la siguiente manera:

Primera jugada

$25 ganados 15% de impuestos; $3.75 redondea a $4
- 4
$21 netos ganados

Segunda jugada

$31 ganados 20% de gratificación prima; $6.20 redondea a $6
+ 6 gratificación
$37
- 9   25% de impuestos; $9.25 redondea a $9
$28 netos ganados

Total acumulado

$49 $21 + $28 ó $49.

Ideas Adicionales

- Aprende los siguientes procedimientos cortos, o si tu calculadora tiene una tecla de por cientos, familiarízate con ésta.

- Para el bono del 20%, 35 + (35 x .2) es lo mismo que 1.2 x 35. Para el impuesto del 15%, 35-(.15 x 35) equivale a .85 x 35. ¿Cuál es el procedimiento corto para el impuesto de 25%? ¿De 35%?

- Puedes utilizar también la tecla de %. Por ejemplo para calcular el 20% de 35 oprime:

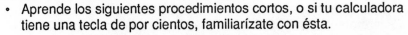 (no utilices la tecla de $=$.)

Para 35 + 20% de 35, oprime:

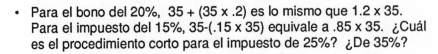

Para 35 - 20% de 35, oprime:

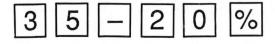

Unas Palabras sobre las Microcomputadoras

Desde el invento de la televisión ningún artefacto había creado tanta exitación y preocupación como la computadora personal. Es ahora posible colocar sobre la mesa de la cocina el poder computacional que hace varias décadas requería varios salones. Rumores indican que si los automóviles se hubiesen desarrollado al mismo ritmo que las computadoras, un Mercedes costaría sólo quince dólares, tendría suficiente potencia para dar la vuelta al mundo en cuatro horas, podría hacer esto último con el combustible de sólo un tanque de gasolina y sería del tamaño de la cabeza de un alfiler.

Este Mercedes mítico presentaría algunos de los problemas que hoy reconocemos en las computadoras. ¿Querríamos tener una? Ciertamente que es potente, pero ¿qué haríamos con ella? ¿Cuáles serían sus limitaciones? ¿Hay peligros asociados a su uso?

Y más que nada, ¿qué tienen que ver las computadoras con las vidas de los niños?

Al momento de escribir este libro, muchos de los aspectos referentes a la utilización de la computadora personal aún no están claros. Diferentes personas comienzan a utilizar las computadoras para realizar diferentes tareas diariamente y tal parece que está ocurriendo una explosión de nuevas ideas sobre lo que se puede hacer con estas practicas maquinitas.

A pesar de que hay mucho aún por conocer, hay varias cosas que podemos decir categóricamente:

- Habrán computadoras en las escuelas y será prerrogativa de las comunidades locales (¡aquí estas tú incluido!) decidir si las computadoras se habrán de utilizar para la práctica rutinaria o para algún tipo de aprendizaje más original, como por ejemplo, la resolución de problemas o la programación.

- Casi todos los adultos trabajadores de los próximos veinte años habrán, con toda probabilidad, utilizado una computadora para alguna area relacionada al trabajo. No todos estarán escribiendo nuevos programas pero las cuentas de crédito, cuentas bancarias, inversiones, los diseños industriales y quizá las calificaciones escolares envolverán el uso de las computadoras.

- Las computadoras se abaratarán aun más y serán más fáciles de manejar.

- Los niños deben tener la oportunidad de familiarizarse y sentirse a gusto con las computadoras. Esto aplica a **todos** los niños, tanto varones como hembras, de todas las razas y todos los grupos socioeconómicos.

¿Qué puedes hacer para ayudar a los niños?

Primeramente te deberás convertir en un experto o por lo menos aprender todo lo que puedas sobre ésta área. Desearás averiguar más sobre las máquinas y los programas comerciales disponibles.

Una buena manera de comenzar es leyendo. Recomendamos entusiastamente el libro **Parents, Kids and Computers** de Lynne Alper y Meg Holmberg, el cual aparece en nuestra Lista de Recursos. Si el libro no estuviera disponible, acude a la biblioteca pública , la biblioteca escolar, la tienda de computadoras o la librería y examina los libros que hayan allí.

También podrías tomar cursos en algún colegio, universidad local o centro de ciencias o matricular a tus hijos en cursos de computadoras e intentar aprender de ellos. Podrías pedir a la escuela que separase una noche en la que el laboratorio o salón de computadoras estuviese abierto para que los padres asistan a aprender de sus hijos o del maestro.

Como las computadoras hacen muy poco por sí solas, necesitarás revisar mucho software educativo ("software" se refiere a los programas que permiten que las computadoras realicen tareas específicas). Deberás estar alerta a los siguientes puntos:

* ¿Vale la pena que tu niño realice esta actividad?

* ¿Se puede hacer lo mismo, tan bien o mejor, utilizando objetos más baratos y concretos tales como bloques, frijoles, papel y lápiz?

* ¿Concuerdan los valores que se presentan en la actividad con los tuyos propios? ¿Te importa, por ejemplo, que el premio que reciba el niño por resolver una serie de problemas consista de poder jugar un juego llamado **Aplasta el Cerdito?**

* ¿Cómo es la calidad de la interacción que se establece entre el programa y tu niño? ¿Se trata al niño con dignidad y respeto? ¿Aprende el niño a utilizar la máquina o es la computadora la que tiene el control de la sesión?

* ¿Es interesante la actividad?

* ¿Son claras las instrucciones y los documentos de apoyo?

Cuando cuentes con una computadora, vuelve y revisa las indicaciones que aparecen anteriormente sobre como ayudar a tu niño con la matemática. Los niños que utilizan computadoras también necesitan utilizar cierto lenguaje especial, trabajar en grupos, sentir que sus padres están interesados, etc. En lugar de diseñar un programa de trabajo organizado detalladamente, tú y tus niños deberían invertir mucho tiempo explorando la computadora.

Si enseñas alguna clase de Matemática para la Familia, quizá te interese a ti, algún miembro de la clase o algún experto local amigable, servir de guía para el grupo en sus primeros encuentros con la computadora. Estas primeras horas de contacto con la computadora podrían incluir demostraciones de programas, discusiones sobre los varios tipos de computadoras disponibles, sus méritos y sus costos, explicaciones sobre los usos actuales más importantes de la computadora en el mundo de los negocios y de la educación, lecciones introductorias de LOGO o algún otro lenguaje de computadoras y tiempo disponible para que puedas examinar software de tu interés.

Para tu propio beneficio y el de tu familia, compra, toma prestado o alquila una computadora para jugar con ella. Ve a las tiendas de computadoras, pide información y prueba las computadoras y el software. Trata de escribir una carta utilizando un procesador de texto. Trata de diseñar una tarjeta de cumpleaños utilizando los programas para dibujar. Explora esta nueva y maravillosa herramienta. Podrías abrir todo un mundo nuevo para ti y ciertamente darías a tus niños un fuerte estímulo para el futuro.

Contestaciones a las Preguntas Rápidas

(Ver la página 229 por Las Preguntas Rápidas)

Contestaciones

1. $8.00
2. 24 cajas
3. 86,400 segundos
4. 2 1/4 años
5. 15 veces al día
6. 36,000 veces al día
7. 1,800 mensajes
8. 92 perros calientes
9. 2%
10. 352 latas
11. 35 millas
12. 226,263

La mayoría de estas contestaciones a las Preguntas Rápidas se tomarón del libro **American Averages**, de Mike Feinsilver y William B. Mead; Dolphin Books, New York, 1980.

Capítulo XI

CARRERAS
Y
PROFESIONES

Carreras y Profesiones

La información sobre las carreras o profesiones reviste importancia, tanto para los padres como para los niños. Conocer los requisitos y beneficios de una amplia variedad de futuros trabajos ayuda a planificar los cursos a tomar en la escuela para que el estudiante mantenga todas sus opciones abiertas. Los estudiantes, particularmente las hembras y los adolescentes que pertenecen a grupos minoritarios, con frecuencia abandonan el estudio de la matemática cuando los cursos se hacen opcionales en la escuela superior. Piensan que nunca tendrán uso para la matemática estudiada en tales cursos. Las sugerencias y actividades en este capítulo harán que los estudiantes cobren conciencia de que la matemática se utiliza en muchísimos más trabajos de los que la gente piensa o espera.

Hasta hace muy poco tiempo, muchas mujeres pensaban que no tendrían que trabajar a tiempo completo; éstas proyectaban trabajar algunos años antes de casarse y quizá trabajar nuevamente luego de que sus hijos hubiesen ingresado a la escuela. Hoy día, la mujer casada promedio trabaja por 28 años de su vida adulta, mientras que la mujer soltera, al igual que los hombres, trabaja de 35 a 50 años en promedio. Nuestras hijas, al igual que nuestros hijos, deberán prepararse para ingresar a la fuerza trabajadora y tener a su haber el máximo número de opciones disponibles al llegar ese momento. La actividad **Destrezas Matemáticas Utiles** contesta la pregunta "¿Cuándo necesitaremos utilizar ésto?"

¿Dónde están los empleos? le dará a estudiantes y padres una visión realista de dónde se encuentran los trabajos y les indicará si es o no realista aspirar a ser estrellas cinematográficas o atletas profesionales. Esto no significa que tus niños no deban aspirar a escoger también estas profesiones, pero deberán estar bien preparados con otras alternativas, en la eventualidad de que sus deseos no se cumplan.

Además de realizar las actividades de este capítulo procura que tus niños conozcan tantas personas como les sea posible de tantas ocupaciones como se pueda. Puedes brindar tu ayuda al maestro para que organice visitas profesionales que puedan servir de modelos a los niños o viajes a instituciones comerciales o negocios cercanos. Pregunta al maestro si es posible que los padres de los niños de la clase acudan a la escuela para compartir experiencias sobre sus trabajos y luego brinda tu ayuda para hacer los contactos pertinentes y organizar la actividad.

La información sobre las carreras puede convertirse en una poderosa motivación para que los estudiantes se matriculen en cursos que no tomarían en otras circunstancias.

Un Día de Trabajo

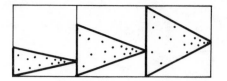

Porqué
Para ayudar a padres e hijos a pensar y discutir sobre lo que significa ser un adulto trabajador.

Cómo

- Pide a los niños que escriban una historia (o un ensayo si son mayores) describiendo lo que ellos piensan que será un día típico de trabajo en su vida adulta. Deben comenzar por relatar los sucesos del día comenzando temprano en la mañana y terminando por la noche al momento de acostarse. Los niños podrían acompañar la historia de ilustraciones. Pide a los más jóvenes que te dicten la historia.

- Cuando las historias esten listas, léelas cuidadosamente y reflexiona sobre lo que has aprendido con respecto a las aspiraciones de tu hijo o hija. ¿Espera tu hijo o hija poder conseguir un empleo? ¿Tener un hogar? ¿Tener responsabilidades de familia? ¿Quién lava los platos en la familia imaginaria? ¿Quién maneja el automóvil? ¿Van los niños a algún centro de cuidado diurno o permanecen en el hogar con la madre? Si tienes varios hijos, podrás notar algunas diferencias en sus expectaciones.

- Pregunta a los niños si piensan que en la realidad los eventos ocurrirán como los han descrito. Algunos niños describen circunstancias muy parecidas a las de sus padres, mientras que otros describen vidas totalmente diferentes.

- El propósito de este ejercicio no es el de averiguar exactamente lo que harán tus hijos o hijas en el futuro, sino mas bién el de establecer una vía de comunicación útil a todos los miembros de la familia para discutir las oportunidades que guarda el futuro.

Materiales
Papel y lápiz

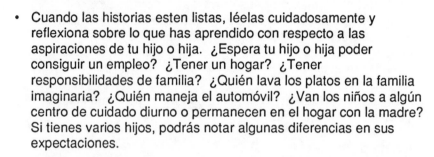

Tarjetas de las Ocupaciones

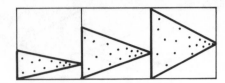

Nivel

Materiales

Tarjetas de las Ocupaciones

   (Duplicar las tarjetas en

   las páginas 265-270.)

Tijeras

Porqué

Para comenzar a pensar sobre cómo las personas se desempeñan en sus diferentes ocupaciones y mejorar las destrezas de comunicación.

Cómo

• Prepara una copia (en alguna máquina de duplicar) de las **tarjetas de las ocupaciones.** De ser posible, la copia deberá quedar impresa en papel grueso o cartulina.

  • Pide a tu niño o niña que recorte y organice las tarjetas. Al terminar deben de haber tres grupos de tarjetas mostrando varias **carreras, dónde se realizan las mismas** y **lo que hacen las personas en tales carreras.** La organizacion de las tarjetas puede resultar ser un proceso muy interesante en el que se discute el significado de las tarjetas. El poder establecer diferencias entre personas, lugares y acciones es de suma importancia en el desarrollo de las destrezas de comunicación.

• Las tarjetas se podrían esparcir sobre una mesa para que el niño las pudiera ver con claridad.

Relacionando Tarjetas

• Instruye al joven para que escoja una tarjeta que muestre a alguna persona y que luego trate de encontrar tarjetas de algún lugar y alguna acción que correspondan a la persona escogida. El niño deberá explicar las razones por las cuales las tres tarjetas se relacionan.

• Con frecuencia se observarán varias formas de relacionar las tarjetas. Por ejemplo, ¿Utilizan los camioneros calculadoras electrónicas en sus trabajos? Es muy probable que sí las utilicen al igual que en la mayoría de las demás ocupaciones mostradas en las cartas.

Historias

• Pide a tu niño o niña que escoja una tarjeta de cada una de las tres categorías, que invente una historia sobre la persona escogida, que describa un día típico de trabajo y que describa el lugar donde se realiza el mismo. Es necesario recordar que las personas realizan acciones adicionales a las que aparecen representadas en las tarjetas.

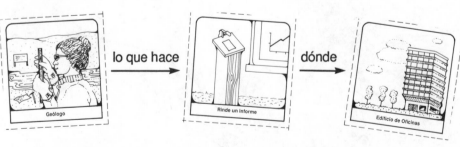

¿Cuáles son las ocupaciones?
• Pide a tu niño o niña que escoja una tarjeta de alguna persona.
  Examinen juntos cuantas tarjetas de acciones y de lugares podrían
  corresponder a la ocupación escogida.

Ideas Adicionales

• Recorta láminas de revistas que ilustren a personas desempeñándose en varias ocupaciones, las herramientas utitlizadas y los lugares donde se realizan las ocupaciones. Prepara otro grupo de tarjetas de ocupaciones utilizando las láminas recortadas.

>> *He aquí actividades adicionales para el salón de clases.*

>> *Asigna a varios estudiantes que inventen colectivamente historias sobre las ocupaciones envueltas.*

>> *Pide a los estudiantes que inventen preguntas que se puedan contestar mediante el uso de las tarjetas. Por ejemplo, "¿Quién utiliza números es su trabajo?" o "¿Quién utiliza gráficas en su trabajo?"*

>> *Un grupo de estudiantes podría colocar, una a una, las tarjetas sobre una franja larga, explicando la relación existente entre la última tarjeta colocada y la próxima. Por ejemplo:*

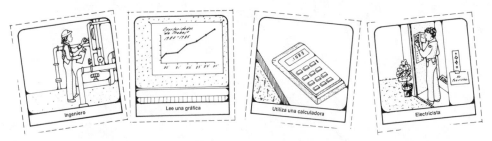

"Ingeniera"   *"lee una gráfica sobre la profundidad del océano"*   *"y utiliza una calculadora para calcular los datos"*   *"e indica al electricista donde ubicar los cables eléctricos."*

>> *Estimula a los estudiantes para que se ingenien sus propias actividades utilizando las tarjetas.* <<

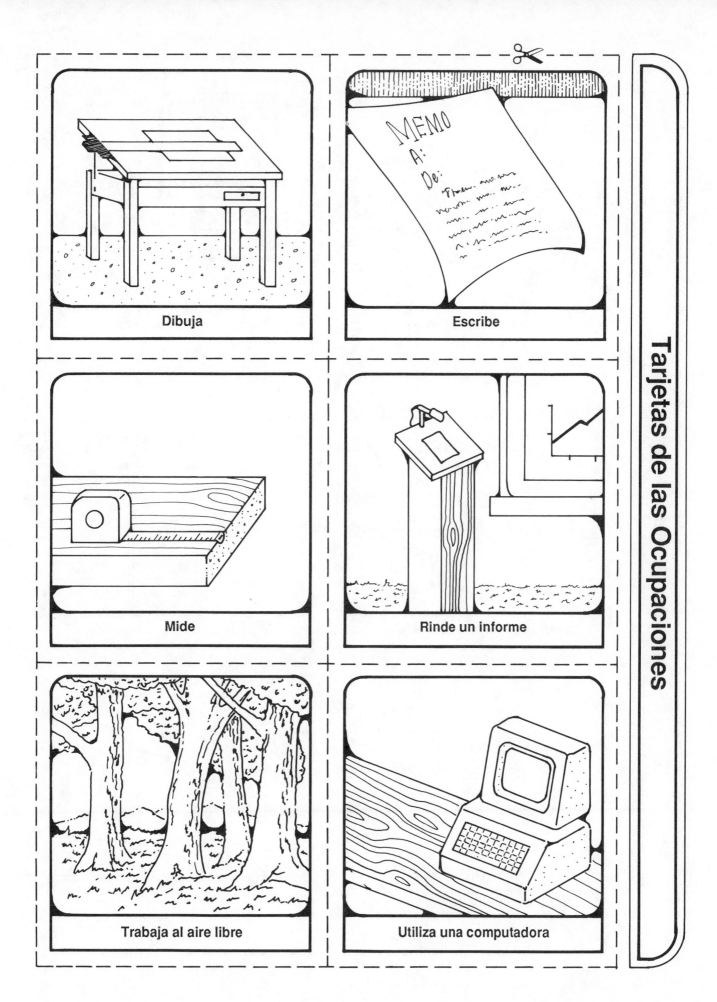

Dibuja

Escribe

Mide

Rinde un informe

Trabaja al aire libre

Utiliza una computadora

Tarjetas de las Ocupaciones

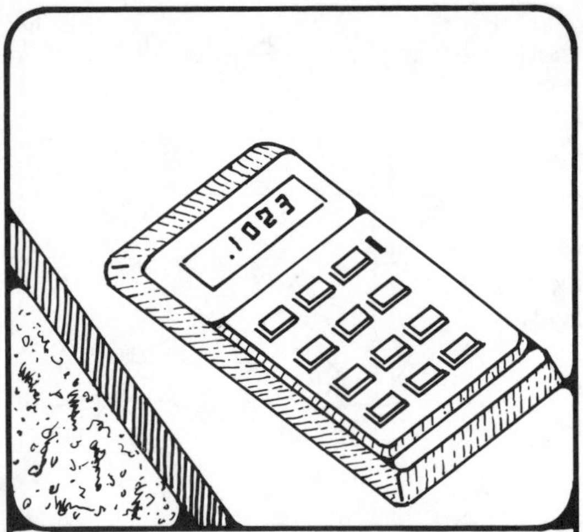

Utiliza una calculadora

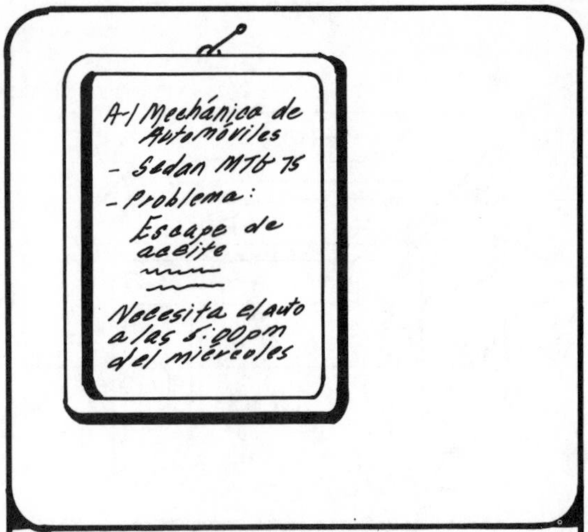
A-1 Mechánica de Automóviles
- Sedan MTB 75
- Problema:
Escape de aceite
Necesita el auto a las 5:00pm del miércoles

Resuelve problemas

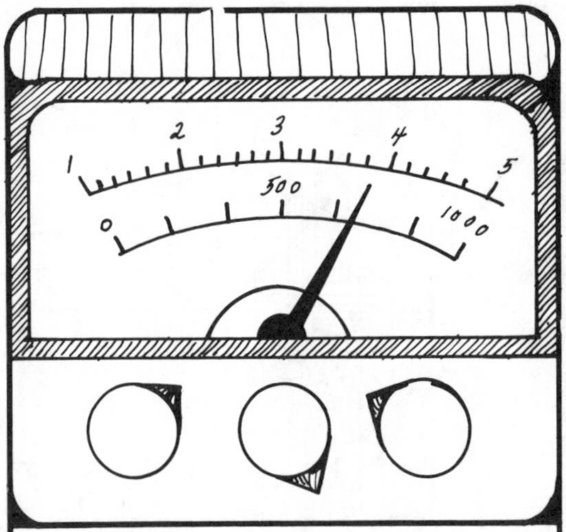
1
2
3
4
5
500
0
1000

Lee un instrumento de medición

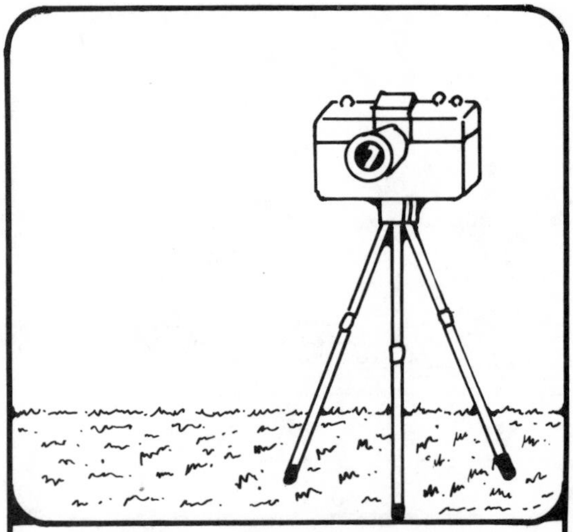

Utiliza una cámara fotográfica

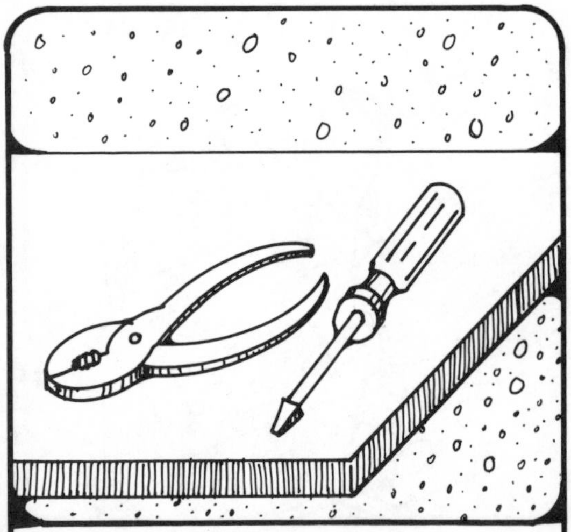

Utiliza herramientas

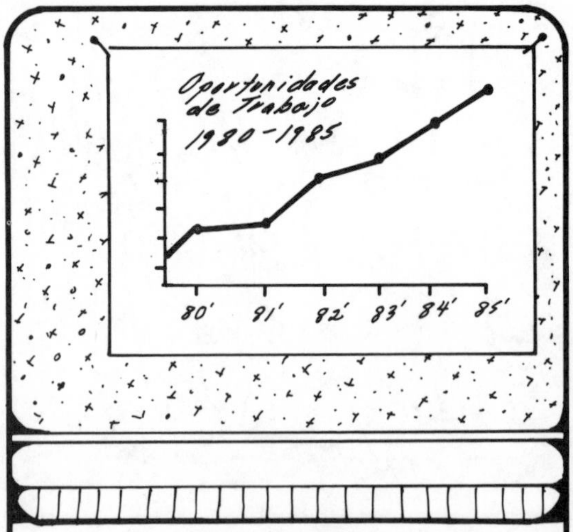
Oportunidades de Trabajo
1980-1985
80'
81'
82'
83'
84'
85'

Lee una gráfica

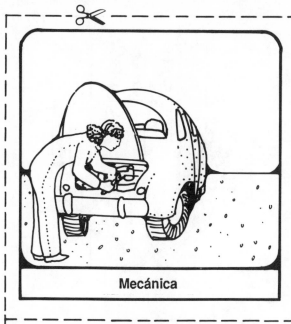

Mecánica

Ingeniera

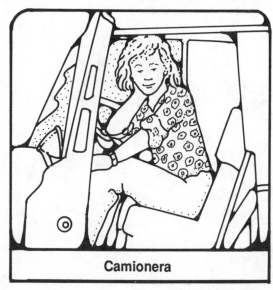

Camionera

Farmacéutica

Científica de computadoras

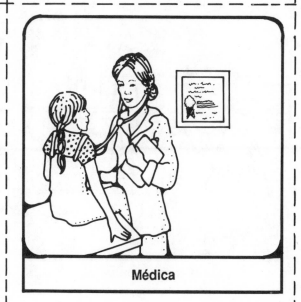

Médica

Tarjetas de las Ocupaciones

Tarjetas de las Ocupaciones

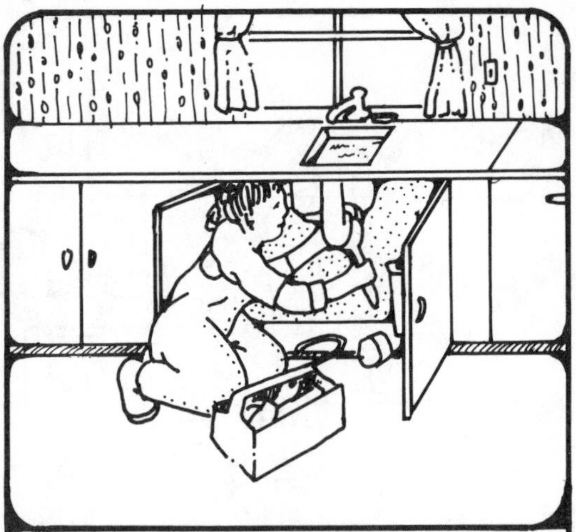

Plomera

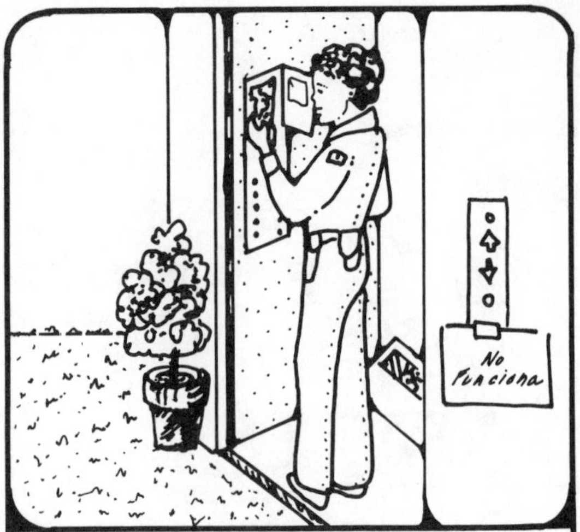

Electricista

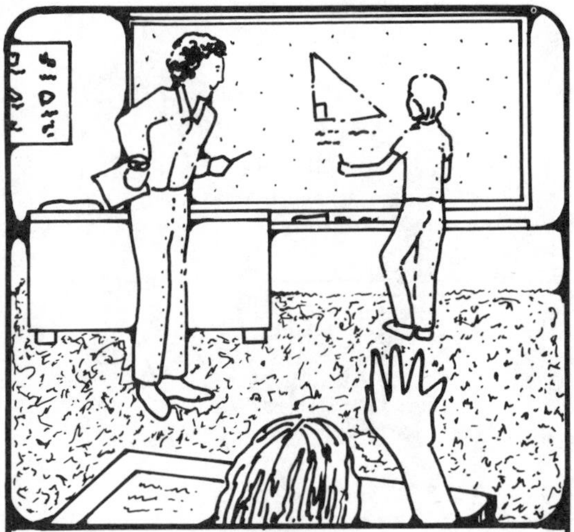

Maestro

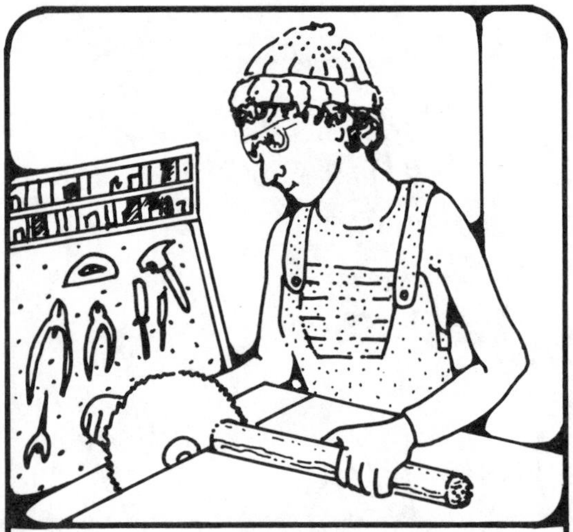

Carpintera

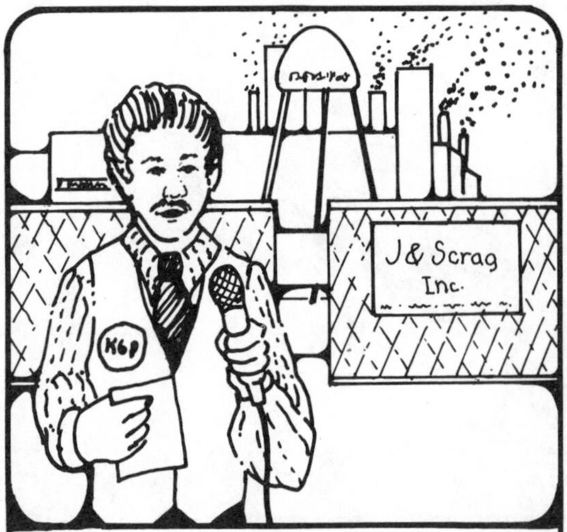

Reportero

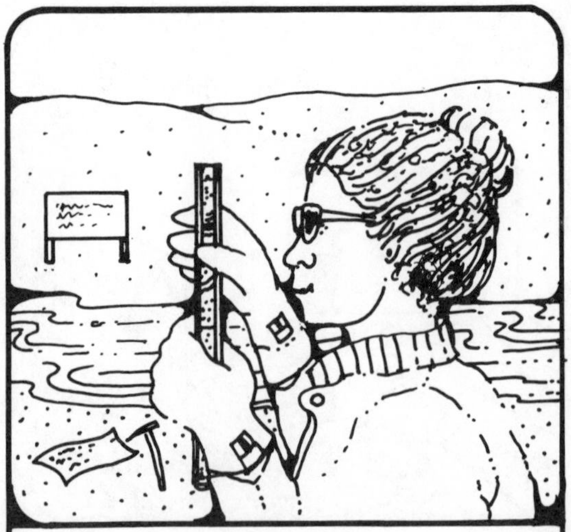

Geóloga

Proyecto de construcción

Aeropuerto

Hospital

Centro comercial

Laboratorio espacial

Museo

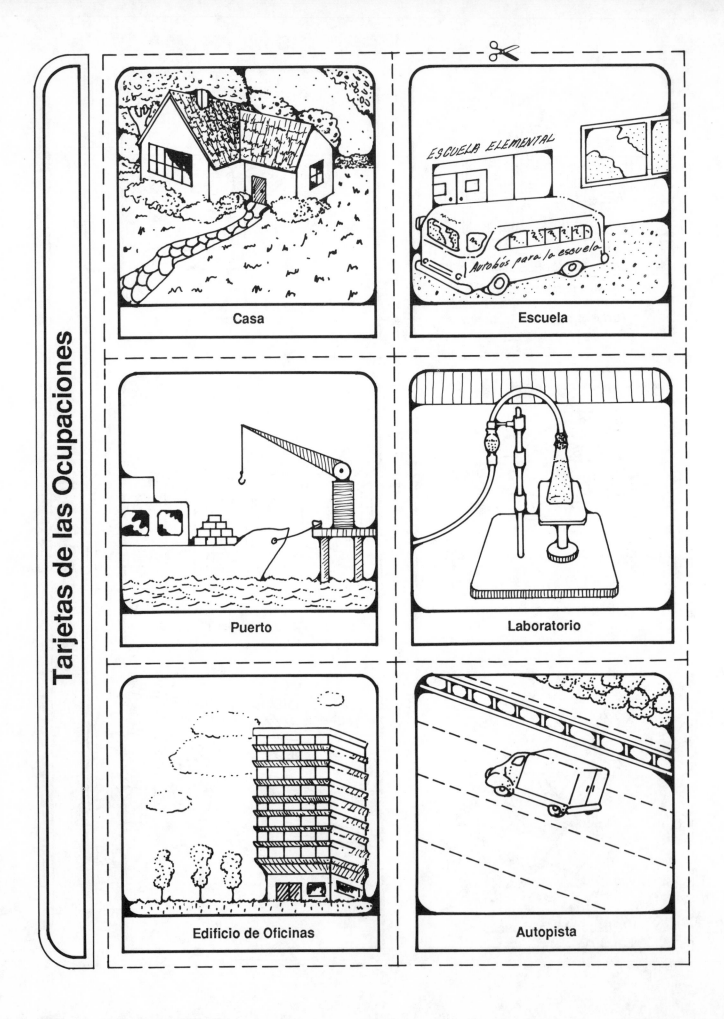

Tarjetas de las Ocupaciones

Casa

Escuela

Puerto

Laboratorio

Edificio de Oficinas

Autopista

Destrezas Matemáticas Utiles

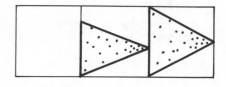

Porqué

Para conocer mejor las formas en que la matemática se utiliza en las varias ocupaciones.

Cómo

- Examina junto al resto de la familia la siguiente lista de destrezas matemáticas.

Fracciones	Calculadoras
Conceptos Geométricos Básicos	Fórmulas
Decimales	Promedios
Razón y Proporción	Estimación
Porcientos	Gráficas Estadísticas

Materiales

Papel y lápiz

- Piensa cuidadosamente en todos los empleos u ocupaciones que conoces. En la siguiente página aparece una lista de 100 ocupaciones diferentes la cual puedes examinar si deseas. Imagina que preguntas a varias personas que tienen tales ocupaciones sobre la destreza matemática que utilizan con más frecuencia en su trabajo. ¿Cuál de las destrezas anteriores crees que mencionarían? Escribe tal destreza en la parte superior de una hoja de papel.

- Decide luego cuál es la próxima destreza que las personas mencionarían como la que utilizan con más frecuencia y añádela a tu lista.

- Decide luego cuál sería la próxima destreza mas frecuentemente utilizada.

- Continúa de esta manera hasta tanto hayas escrito todas las diez destrezas en tu lista. Es posible que no haya total acuerdo en cuanto al orden de las destrezas. Discute las diferencias y procura llegar a un concenso.

- Luego de llegar a un concenso, examina las contestaciones que se ofrecen en la página 273. ¿Cuantas lograste atinar?

Ocupaciones

Abogado

Administrador de Personal

Administrador de Recreación Forestal

Administrador de un Centro Comercial

Aerolíneas (Agente de Servicios al Pasajero)

Agente de Anuncios

Agente de Bienes Raíces

Agente de Compras

Agente de Seguros

Agente de Viajes

Agrimensor

Analista Ambiental

Analista de Sistemas de Contaduría

Artista Gráfico

Arquitecto

Arquitecto de Paisajes

Asesor Agrícola

Auditor

Bibliotecario

Biólogo (Ambiental)

Bombero de Bosques

Cajero de Banco

Carpintero

Cartógrafo

Cirujano Ortopédico

Consejero de Ahorros

Consejero de Inversiones

Contador

Contratista Albañil

Contratista de Pintura

Contratista General

Controlador de Admisiones a un Hospital

Controlador de Tráfico Aéreo

Corredor de Valores

Decorador de Interiores

Delineante

Dentista

Dependiente, Tienda de Materiales de Construcción

Dietista

Director de Campaña Política

Economista

Electricista

Enfermera

Especialista de Láminas Metálicas/ Calefacción

Farmacéutico

Fotógrafo

Geólogo (Ambiental)

Gerente de Ordenes de una Casa Publicadora

Gerente de Producción de una Casa Publicadora

Gerente de Servicios de Empleos Temporeros

Gerente de una Tienda de Enseres del Hogar

Hidrólogo

Impresor

Ingeniero (Civil)

Ingeniero (de Petróleo)

Ingeniero de Sistemas de Computadoras

Ingeniero (Electricista)

Ingeniero (Electrónico)

Ingeniero (Industrial)

Investigador Técnico

Limpiador de Alfombras

Maquinista

Mecánico de Automóvil

Mecánico de Aviación

Médico (Medicina General)

Meteorólogo

Mozo/Moza de Restaurante

Navegante

Oceanógrafo (Biológico)

Oficial Asegurador de Hipotécas

Oficial de Prevención de Incendios

Operador/Operadora de Unidad de Tratamiento de Aguas Negras

Optico

Patrullero de Autopistas

Periodismo (Circulación)

Periodismo (Producción)

Periodismo (Reportajes)

Piloto de Aviones

Planificador Urbano

Plomero

Policía

Preparador de Formas de Contribución Sobre Ingresos

Procesador de Datos

Programador de Computadoras

Psicólogo Experimental

Quiropráctico

Representante de Mercadeo (Computadoras)

Supervisor de Nómina

Supervisor de Reclamaciones de Seguros

Tasador (de Terrenos)

Techador

Técnico de Laboratorio Médico

Técnico de Radio

Técnico de Reparación de Televisores

Técnico Electrónico

Trabajador Social

Venta y Reparación de Motocicletas

Veterinario

>> *Esta lista se basa en una encuesta realizada entre 100 personas, pero no es idéntica. Cada persona entrevistada indicó el tipo matemática que utilizaba en su trabajo. El autor comenta que es necesario obtener mas datos ya que sólo se entrevistó a una persona de cada ocupación.* <<

Ideas Adicionales

• Pide al resto de los miembros de la familia que realicen su propia encuesta entrevistando a sus conocidos sobre las destrezas matemáticas que utilizan en sus ocupaciones.

Destrezas Matemáticas Utiles-Contestaciones

Destreza	% de las 100 Ocupaciones que Utilizan la Destreza	Orden
Decimales	100%	1
Calculadoras	98%	2
Porcientos	97%	3
Estimación	89%	4
Fracciones	88%	5
Promedios	83%	6
Razón y Proporción	77%	7
Gráficas Estadísticas	74%	8
Fórmulas	68%	9
Conceptos Geométricos	63%	10

¿Dónde Están los Empleos?

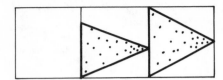

Nivel

Materiales

Papel y lápiz

Porqué

Para dar información a la familia sobre las categorias de las ocupaciones que reflejan la composición de la fuerza trabajadora norteamericana.

Cómo

- Escribe las siguientes categorías en una hoja de papel:

Fuerza Trabajadora Norteamericana: 1982	%
Negociantes	_____
Profesionales/Técnicos	_____
Salubridad/Medicina	_____
Industria/Transportación/Agricultura	_____
Servicios	_____
Comunicación/Arte/Diseño/Modas	_____

- Junta a los niños y prepara un estimado de los porcientos de la fuerza trabajadora norteamericana que se clasificaría en cada categoría. Imagina 100 personas frente a ti. ¿Cuántas de ellas trabajarían en cada categoria?

- Al completar la lista, revisa tus estimados con las contestaciones que aparecen en la próxima página.

Ideas Adicionales

- Como estas cifras se publicarón en 1982, es posible que hayan habido algunos cambios desde entonces. Puedes visitar la biblioteca pública con el resto de la familia para tratar de determinar los cambios acaecidos en las diferentes categorías. Pide al bibliotecario o a la bibliotecaria que te muestre algunas fuentes de donde puedas extraer esta información.

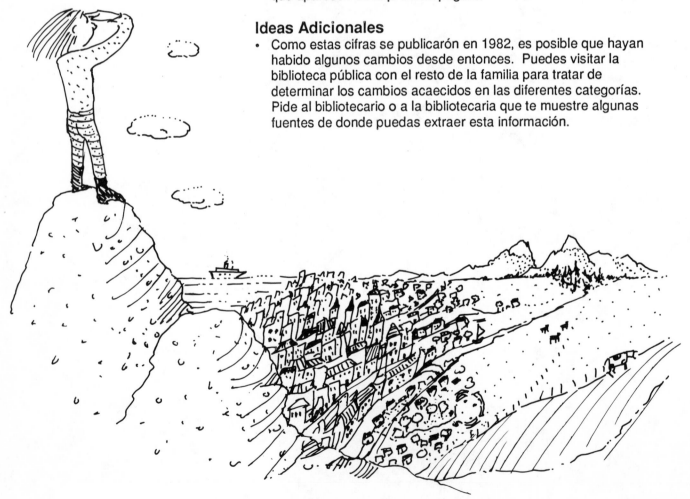

¿Dónde Están los Empleos?

Contestaciones
Fuerza Trabajadora Norteamericana: 1982

Negocios   **35%**
    Gerentes (11%)
    Vendedores (6%)
    Empleados de Oficina/Secretarias (18%)

Profesionales/Técnicos   **11%**
    Científicos/Técnicos (6%)
    Maestros/Trabajadores Sociales/
    Bibliotecarios (5%)

Salubridad/Medicina   **7%**
    Médicos/Dentistas/Veterinarios (3%)
    Enfermeras/Asistentes Médicos (4%)

Industria/Transportación/Agricultura   **33%**
    Trabajadores Diestros (12%)
    Operarios/Camioneros/
    Operadores de Máquina (14%)
    Agricultores/Obreros (7%)

Servicios   **13%**
    Policias/Peluqueros/Mozos/
    Técnicos de Belleza

Comunicaciones/Arte/Diseño/Modas   **1%**
    Actor o Actriz/Modelos/
    Atletas Profesionales/Diseñadores de Moda

Estas cifras de 1982 se tomaron de la Oficina de Estadísticas de
Empleo del Departamento de Trabajo en Washington, D.C.

Notas de un Ayudante de Ingeniero que Enseña Cursos de Matemática para la Familia.

Este ensayo se incluye para el beneficio de los padres y los niños mayores. En el se señalan ciertas conexiones existentes entre las actividades de Matemática para la Familia y el trabajo de ingeniería. De cierta manera este ensayo proporciona otra contestación a la pregunta "¿Cuándo utilizaremos ésto?" y explica además porqué la Matemática para la Familia abunda más en actividades sobre la resolución de problemas que en actividades que envelven la memorización de algoritmos aritméticos.

Trabajo en la Chevron Research Company como un ayudante de ingeniero. Recientemente me encomedaron la solución de un problema. Me gustaría relatarles como utilicé las ideas presentadas en esta clase para resolver el problema.

En la refinería de Richmond hay una planta en la que los barriles de petróleo usados (los barriles grandes de 50 galones) se acondicionan para ser utilizados nuevamente como barriles nuevos. Para ello la planta remueve la pintura vieja utilizando un poderoso detergente, luego lava los tanques y finalmente los pinta. El agua que resulta de este proceso es muy sucia. Está llena de detergente, pintura y petróleo. Mi trabajo consiste de ingeniarme alguna forma de limpiar el agua con los desperdicios.

¿Qué tiene todo ésto que ver con la Matemática para la Familia? Recuerdas la primera clase en que te pidieron que estimaras? Allí había una hoja para anotar los estimados y un frasco lleno de frijoles. Bueno, lo primero que tuve que hacer fué estimar cuánta agua con desperdicios teníamos que limpiar diariamente. Tome un gran balde y me fuí a la planta. Coloqué el balde bajo uno de los tubos por donde se vertía el agua con los desperdicios en un gran estanque en el suelo. Con la ayuda de un cronómetro medí cuánto le tomó al agua que salía del tubo llenar el balde. De esta manera pude estimar la cantidad de agua con desperdicios que produce la planta diariamente. Este proceso es similar a contar un puñado de frijoles para ayudarnos así a determinar cuántos frijoles hay en el frasco.

Otra cosa que tuve que hacer fué medir. Ya he mencionado que tuve que medir el tiempo que tomó al balde llenarse de agua. También tuve que tomar pequeñas muestras del agua con los desperdicios y llevarlas al laboratorio para medir la cantidad de cierto agente químico necesario para limpiar el agua. Utilicé litros y mililitros para realizar

mis medidas químicas. Tu madre probablemente utiliza cucharitas y
tazas para medir los ingredientes que necesita cuando hornea galletas.
Tu utilizaste un pedazo de cuerda para medir cuántas veces tu altura
podía enrollarse en tu muñeca, tu cintura y tu cabeza. Recuerda la noche
que utilizamos presillas, alfileres y otros objetos para medir. No
importa con qué midas siempre y cuando puedas llevar una buena cuenta
de lo que has medido.

    ¿Recuerdas el juego de intercambio? Intercambiamos 4 franjas
azules por una morada y 4 moradas por una anaranjada. Yo también
tuve que hacer algo parecido. Cuando trabajé en el laboratorio medí los
químicos en mililitros. El químico que necesitaba, sin embargo, se vende
en libras. Tuve que cambiar mililitros por litros, litros por libra y libras
por dólares para determinar así cuánto costaría el agente químico
necesario para limpiar el agua.

    Esta noche trabajamos con la Probabilidad. Yo también tuve que
trabajar con la probabilidad. Tuve que tomar sólo tres muestras de agua
con los desperdicios, realizar análisis con ellas y utilizar los resultados
obtenidos para determinar como tratar toda el agua. El agua se
transforma a diario. A veces está tan sucia que parece un batido espeso.
Otras veces es algo azulosa por la pintura pero no está tan sucia como en
otras ocasiones. Realicé muchas pruebas en las tres muestras. Utilicé la
Probabilidad para decidir cuál era la mejor forma de limpiar toda el agua.

    También quiero hablar de la idea de la estrategia. La actividad
Viaje en Globo puede ganarse siempre que se juega si uno sabe cómo
funciona. Lo mismo ocurre con el juego de Tic-Tac-Toe. Cuando
comencé a estudiar el problema de mi trabajo no contaba con ninguna
estrategia. Ya conocía la contestación; debía limpiar el agua. Pero,
¿cómo? Mi trabajo consisitía en parte en encontrar alguna estrategia
que me ayudara a resolver el problema. Esto último lo logré consultando
con las personas que me ayudaban y organizaban mi tiempo, de suerte
que pudiera realizar la estimación, la medición, los estudios
probabilísticos y las otras tareas necesarias antes de dar con la solución.
Cuando mamá hornea galletas, ella probablemente utiliza un libro de
cocina para determinar la estrategia a seguir para resolver el problema de
hornear las galletas. Es importante contar con alguna estrategia antes
de comenzar a resolver un problema. Quizá no sea la mejor estrategia
pero es mejor que no tener ninguna.

    Los tangramas son divertidos. Además instructivos ya que
muestran que puede haber más de una forma de resolver un problema.
Yo tuve que descifrar la mejor forma de ensamblar un sistema para
limpiar el agua, el cual fuese a la vez, efectivo y barato. Cuando colocas

todas las piezas del tangrama de manera justamente correcta, logras formar un cuadrado perfecto. Toma mucho tiempo y experimentación lograrlo. De la misma manera yo tuve que invertir tiempo y explorar muchas posibilidades para dar con un plan que trabajara mejor que cualquier otro. Esta tarea resultó difícil y necesité la ayuda de otras personas. Tuvimos que hablar unos con otros por un largo tiempo antes de que yo pudiera dar con una idea que todos pensamos funcionaría.

Estas son algunas de la formas en que utilicé en mi trabajo las mismas ideas que tú utilizas en la Matemática para la Familia. Si prestas atención, es posible que veas como tú también las utilizas en tu trabajo. No te resultará difícil. Sólo debes prestar atención a lo que estás haciendo. Tus padres o algunos de tus amigos te pueden ayudar con algunas de estas técnicas al igual que tú los puedes ayudar a ellos.

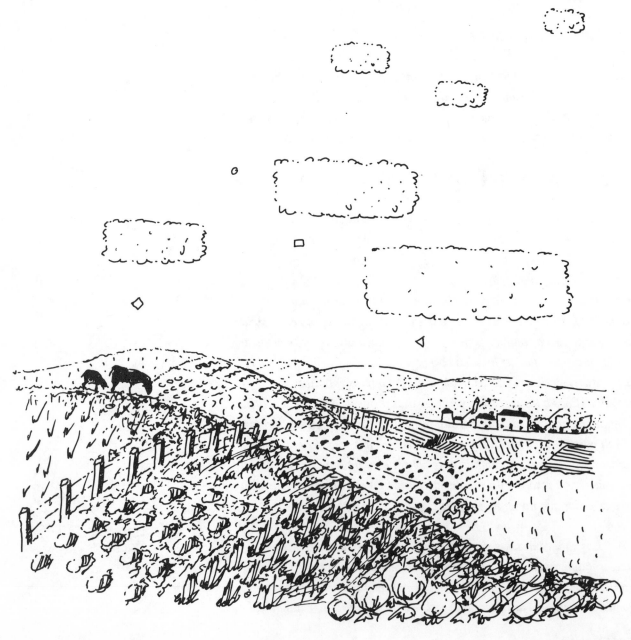

Organizando una Clase de Matemática para la Familia

Organizando una Clase de Matemática para la Familia

¡Buenas noticias! No hay una forma como tal de organizar y enseñar una clase de Matemática para la Familia. Padres, maestros o administradores podrían enseñar la clase, el único requisito que debe llenar quien enseña la clase, es el de tener el deseo de compartir la matemática con otros en una forma entusiasta y no amenazante. Hemos incluido una serie de sugerencias ganadas de nuestra experiencia y la de otros al iniciar el programa. Sin embargo, tú eres el experto que mejor podrás juzgar qué funciona mejor en tu comunidad.

¿Quién Debe Asistir?

Niveles Escolares

Una desición a tomar temprano es la de los niveles escolares que deseas enseñar. Algunas personas prefieren presentar una clase para uno o dos niveles escolares solamente ya que así pueden presentar actividades que despiertan el interés de todos los niños. Por otra parte, el curso es uno de Matemática para la Familia y es posible que algunos padres se hagan acompañar por alguno de los hermanos o hermanas de mayor o menor edad. Muchas clases han tenido éxito en grupos de K-6 o 4-8. Escoge lo que sea más adecuado para ti, basándote en tu interés, tu conocimiento de los temas cubiertos y las necesidades de la comunidad.

¿Cuál es el Mejor Tiempo?

Intinerario

Tal parece que hay un mayor interés por asistir a las clases de Matemática para la Familia durante los meses del invierno o el otoño que durante la primavera. Naturalmente, es conveniente evitar las vacaciones escolares, los días feriados y otros momentos atareados. En lo referente al horario, hemos encontrado que es difícil mantener una clase durante la tarde pero que las horas tempranas de la noche resultan adecuadas la gran mayoría de las veces. En ocasiones las clases que se reunen los sábados en la mañana han tenido éxito. Antes de fijar un horario para tu clase es conveniente enviar al hogar un aviso de matrícula con los posibles estudiantes del curso en que se les pide a los padres que indiquen el horario más conveniente para ellos.

He aquí un posible cuestionario:

Matemática para la Familia

Aprende
- Cómo ayudar tu niño o niña en el hogar con el estudio de la matemática.

- Qué matemática aprenderá tu hijo o hija en la escuela este año.

- Como hacer divertida la matemática.

Lleva al hogar
- Materiales; juegos y actividades; información sobre carreras.

Conoce
- A mujeres y hombres que se valen de las matemáticas en sus trabajos.

Para más información llama al teléfono:

Por favor envía el talonario que se incluye en esta hoja a la siguiente dirección:

- -

☐ Sí, estoy interesado en Matemática para la Familia.

Nombre:

Dirección:

Teléfono:

Mejor hora para llamar:

Nombre del niño:

Escuela a la que asiste:

Grado:

Maestra:

La mejor hora para asistir a una clase de Matemática para la Familia es:

Días de la semana: (1:00-3:00)

                                 (3:00-5:00)

                                 (6:00-8:00)

Sábados: (10:00-12:00)

Primera preferencia:

Segunda preferencia:

☐ No puedo asistir a la clase de Matemática para la Familia pero deseo permanecer en su lista de correos.

¿Cuál es el Mejor Lugar?

Localización Un salón de escuela, biblioteca, iglesia, centro comunitario, YMCA, YWCA o un centro de ciencias, son buenos lugares para efectuar las clases de Matemática para la Familia. Algunos puntos a tener presentes son:

- No debe haber cargo por la clase. De ser necesario sólo se deberá requerir un cargo nominal.
- Deben haber suficientes sillas y mesas para todos con algunas adicionales para las actividades extras.
- Debe separarse un salón especial dispuesto para el cuido de niños pequeños.
- Debe haber suficiente área de estacionamiento.
- Se debe procurar que haya seguridad en el lugar de reunión.

¿Cómo Consigo que la Gente Asista?

Reclutamiento Este aspecto bien podría ser lo más sencillo o lo más difícil de organizar. Si tienes idea del número de personas que suele asistir a la actividad de la "casa abierta", las reuniones de padres y maestros o las obras de teatro representadas en la escuela, entonces es probable que sepas cuan fácil o difícil sea reclutar familias para la clase. Si en tu comunidad los padres participan activamente en las actividades comunitarias, es probable que encuentres más familias interesadas en el curso de las que puedes atender. Si los padres de la comunidad no asisten a las actividades escolares pero son asiduos asistentes a los servicios de la iglesia, entonces, en este caso, la mejor estrategia consiste en reclutar familias para la clase a través de la iglesia. También podrías incluir familias de otras clases o escuelas.

Avisos Si deseas trabajar con familias con niños de K-6, un buen procedimiento a seguir consiste en pedir a los maestros que enseñan tales grados que envien avisos (parecidos al ejemplo presentado anteriormente) a los hogares de sus estudiantes. Los padres de los estudiantes de la escuela media e intermedia necesitarán más estímulo que los padres de los niños más jóvenes y en este caso es aconsejable que los avisos se envíen por correo. Tampoco olvides el teléfono. Es deseable que recalques en tus avisos que la Matemática para la Familia les brinda a los padres la oportunidad de aprender sobre el currículo matemático de sus hijos y practicar con sus hijos destrezas útiles para la resolución de problemas las cuales ayudarán a los niños a tener más éxito con el currículo. Además la clase de Matemática para la Familia servirá para estimular a sus hijos a continuar y perseverar en el estudio de las matemáticas, aun cuando estas se hacen opcionales.

Padres y niños Es importante que se tenga claro que las clases de Matemática para la Familia son para los padres (u otros adultos interesados), los cuales podrán asistir a las mismas con o sin algún niño, pero **ningún menor podrá asistir a las clases sin estar acompañado de un adulto.** Si no insistes inflexiblemente en esta regla, podrías encontrarte participando en una estupenda sesión de tutorías para muchos estudiantes que necesitan ayuda adicional o actividades de enriquecimiento. Este no es el propósito de Matemática para la Familia.

Debes estar consciente de que es posible reclutar en exceso. Decide de antemano el número de personas que estás dispuesta a atender; si piensas que puedes recibir una cantidad abrumadora de respuestas a tu aviso, comienza con un grupo pequeño, reclutando entre los padres de una o dos clases.

No olvides que los mensajes a través de la radio o los periódicos son útiles para llegar a más personas. No olvides incluir un número telefónico en tales mensajes.

Anuncios Públicos

Ejemplos de anuncios radiales

9 de febrero del 1987

PARA DISEMINACION INMEDIATA (clases comienzan el 23 de febrero)

Anuncio de servicio público-30 segundos.

SI ERES EL PADRE O LA MADRE DE ALGUN ESTUDIANTE DE LA ESCUELA INTERMEDIA, DEBES SABER QUE UNA DE LAS ACCIONES MAS IMPORTANTES QUE PUEDES TOMAR EN ESTE MOMENTO PARA AYUDAR A TU HIJO O HIJA A CONSEGUIR UN MEJOR TRABAJO UNA VEZ SALGA DE LA ESCUELA CONSISTE EN ASEGURARTE DE QUE CONTINUE TOMANDO CURSOS DE MATEMATICA MIENTRAS ESTA EN LA ESCUELA. PUEDES AYUDAR A TU HIJO O HIJA ADOLESCENTE AUNQUE PIENSES QUE ERES TORPE EN MATEMATICA. ASISTE A UNA CLASE GRATUITA DE MATEMATICA PARA LA FAMILIA TODOS LOS MIERCOLES EN LA NOCHE COMENZANDO EL 23 DE FEBRERO EN LA ESCUELA SUPERIOR SIMON BOLIVAR DE LA AVENIDA 35 Y LA CALLE ARZUAGA EN LA CIUDAD DE PONCE. PARA MAS INFORAMACION FAVOR DE LLAMAR AL TELEFONO 754-1823.

9 de febrero de 1987

PARA DISEMINACION INMEDIATA (clases comienzan el 23 de febrero)

Anuncio de Servicio Público-10 segundos

¡ATENCION PADRES DE ESTUDIANTES DE LA ESCUELA INTERMEDIA DEL AREA DE PONCE! AYUDA A TUS HIJOS A LOGRAR EL EXITO EN LA MATEMATICA. ASISTE A LAS CLASES GRATUITAS DE MATEMATICA PARA LA FAMILIA LOS MIERCOLES EN LA NOCHE EN LA ESCUELA SUPERIOR SIMON BOLIVAR. PARA MAS INFORMACION LLAMAR AL 754-1823.

Presentaciones ante grupos

Claramente una de las formas más efectivas de atraer familias a tus clases es haciendo una presentación ante la Asociación de Padres y Maestros o alguna otra organización de padres sobre el tema "Como ayudar a tu niño con la matemática en el hogar". En veinte minutos podrías explicar el alcance del programa, compartir sugerencias sobre actividades matemáticas que se pueden realizar en el hogar y efectuar al menos una actividad matemática con el grupo. Conserva los nombres y los teléfonos de los padres interesados. **El Valor de las Palabras** (ver la página 33) es una buena actividad a realizar durante una presentación corta ya que guarda interés tanto para adultos como para niños y con ella se consigue que todos participen. Debes cerciorarte de traer suficientes copias de la actividad que presentes como para repartir a todos y algún material informativo con detalles sobre la clase. Si tuvieses más tiempo disponible podrías rodar la película "Todos contamos en la Matemática para la Familia". Esta película o video de diecisiete minutos da una buena muestra de diferentes clases de Matemática para la Familia y porqué se enseñan.

La película o el video está disponible a través del Lawrence Hall of Science. Puedes escribir a la dirección que aparece al dorso de la portada.

Apoyo Económico

Finanzas Prepara un lista de tus posibles gastos para asegurarte de que puedes cubrir los mismos. Aunque es posible requerir algún estipendio por familia, el mismo debe ser el mínimo posible. No temas pedir contribuciones de todo tipo; a principales, negocios, organizaciones filantrópicas, grupos de padres, el colmado de la localidad o la estación de gasolina. La mayoría de la gente piensan que la idea envuelta en la Matemática para la Familia es muy interesante y estarán inclinados a contribuir materiales y dinero.

Gastos He aquí algunos gastos que deberás considerar.

- Material impreso a repartir y otros materiales. Probablemente totaliza $5.00 por familia para una sesión de seis semanas.

- Alquiler. Intenta conseguir espacio gratis en alguna escuela o iglesia.

- Refrigerios. Quizá puedas conseguir que sean donados o quizá los padres estén dispuestos a tomar turnos para traerlos.

- Tu propio tiempo. La gran mayoría de tu tiempo será donado pero es posible que puedas procurar un pequeño salario para ti utilizando los fondos que puedan haber disponibles atravéz de escuelas para adultos o colegios comunitarios.

Establecimiento de la Clase

Preparación Revisa la Hoja de Planificación que aparece en la página 291. Cerciórate de que hayas previsto todos los detalles, incluyendo suficientes hojas para distribuir a todos, materiales para cada actividad y un arreglo de sillas y mesas que sea cómodo y que permita que todos los participantes, incluyendote a ti, se puedan ver y escuchar con facilidad.

Montaje Date suficiente tiempo para el montaje; debes estar listo para aquellos que llegan temprano. Para la primera sesión con toda probabilidad necesitarás llegar una hora o más antes del tiempo oficial de comienzo de la clase. Para ayudar a que todos se conozcan entre si haz que los asistentes utilicen etiquetas con sus nombres. Debes tener jugo o café disponible. Si deseas pasar lista, y es buena idea el hacerlo, pide a todos los asistentes que firmen en el diagrama de Venn:

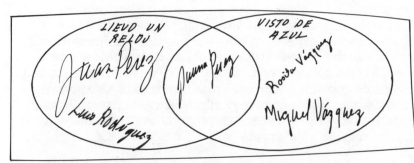

Puedes explicar que un diagrama de Venn sirve para organizar y clasificar información y que tales diagramas pueden variar de muy sencillos a muy complejos. (Una serie de actividades sobre diagramas de Venn se pueden hallar en la página 59). Probablemente también desees mantener una lista de asistencia más formal, con direcciones y teléfonos, de manera que puedas mantenerte en contacto con las familias participantes.

Ya llegaron todos, ¿Y ahora que hago?

Se afable, promovedor, enérgico...la atmósfera que logras establecer es la parte más importante de la clase. Una atmósfera cómoda, en la que nadie se sienta amenazado, hace que padres y niños ganen confianza en si mismos, tomen riesgos, intenten procedimientos nuevos y no teman a equivocarse. Las actividades mismas estimularán la discusión y la forma en que promuevas la formulación de preguntas y la participación, hará que los participantes se sientan más libres para conversar.

Dando la Bienvenida

Los mensajes más importantes que quieres trasmitir a los padres no tienes que ponerlos en palabras necesariamente, pero si en tus propias acciones; que la matemática es muy hermosa, que la podemos aprender todos y que resulta en una profunda satisfacción el practicar la misma. Cuando los asistentes puedan concentrarse en lo divertido que puede ser el practicar la matemática más que en obtener la contestación correcta, habrás tenido éxito en tu clase.

Comencemos

Una clase típica de Matemática para la Familia comienza con una actividad que se puede realizar con muy poca o ninguna explicación. Es una actividad "de arranque" en la que pueden participar todos a medida que van llegando. Es importante comenzar la clase puntualmente a la hora designada, pero no es conveniente que los padres se sientan incómodos si llegan un poco tarde. Puedes comenzar la discusión de la actividad de arranque cinco o diez minutos después que la clase comienza oficialmente. Algunas actividades que sirven bien para actividades de arranque se han coleccionado en un capítulo especial llamado **Comenzando.**

Actividades de arranque

Durante la primera reunión querrás explicar el programa de Matemática para la Familia, hacer presentaciones y dar una visión general de las clases a presentar. Es probablemente mejor escoger como tu primera actividad alguna actividad basada en destrezas aritméticas ya que esto resultará familiar y aceptable. Mas adelante, al introducir una actividad sobre algún tema matemático menos conocido, puedes hablar sobre las interrelaciones entre los temas matemáticos que estás cubriendo.

Descripción del programa

Luego de cada actividad, reserva algún tiempo para discusión y preguntas. Reserva las actividades más difíciles para luego de las primeras clases ya que es deseable que todos tengan éxito con las primeras actividades. Muchos adultos se sienten intimidados por la matemática y el mero hecho de asistir a clase es un paso muy significativo para ellos. ¡Te debes cerciorar de que ellos regresen la próxima semana!

Discusión

A veces las "estaciones de aprendizaje" se pueden utilizar como una colección de actividades de arranque. Estas son actividades cortas dispuestas alrededor del salón, con instrucciones sencillas que se explican por sí solas, que brindan a la familia la oportunidad a aplicar destrezas y estrategias para la resolución de problemas en una situación más independiente. Las actividades de medición son especialmente apropiadas para tales propósitos. Las estaciones le permiten a los participantes trabajar más o menos tiempo en una actividad, permitiendo así que las personas fijen su propio ritmo de trabajo.

Mientras las familias trabajan con las actividades de arranque o las estaciones, circula entre ellas dando estímulo y ofreciendo sugerencias cuando sea necesario. Haz observaciones sobre puntos a discutirse después. Cuando des por terminado este período de la clase, explica la matemática envuelta, el porqué se escogieron tales actividades y como las mismas encuadran en el marco del currículo.

Planificación de las lecciones

Ejemplos de planes para las lecciones aparecen en las páginas 292-296. Estos pueden serte de ayuda para ver y cómo organizar tu clase. Al final de la clase puedes pedir a los asistentes que escriban sus comentarios sobre la clase. Si les proporcionas el papel y le indicas que no es necesario escribir sus nombres en las hojas de comentarios, probablemente termines con un grupo de comentarios muy cándidos. Esta experiencia te servirá de ayuda para revisar y refinar tu próxima clase.

Materiales a distribuir

Cerciórate de entregar a todas las familias copias de todas las actividades que han realizado en clase y recuérdales que deben utilizar las mismas en el hogar durante el curso de la semana. Durante tu próxima clase discute las actividades realizadas por las familias en el hogar. Estimula a los padres (¡y los niños!) a que mantengan un registro escrito de sus experiencias mientras exploran las ideas matemáticas.

Las Actividades

Temas

Las actividades de este libro se han clasificado por temas matemáticos. Al escoger la actividades que deseas utilizar podrías decidir tratar un solo tema por clase o una selección de temas variados por cada clase. Como las actividades no siempre están claramente delimitadas, habrán actividades que se pueden clasificar de más de una manera. Todas las actividades del libro se han escogido ya que promueven la resolución de problemas y el razonamiento matemático, utilizan materiales concretos y se pueden disfrutar en ocasiones repetidas. La mayoría de las actividades son de interés para niños en un amplio intervalo de edades y los padres con frecuencia son adeptos de ajustar las actividades para que las mismas sean provechosas tanto a los niños mayores como a los más jóvenes.

Instrucciones

Invierte algún tiempo al inicio de una sesión presentando cada actividad con instrucciones claras. Señala las destrezas matemáticas envueltas en la actividad y cómo la actividad se relaciona con el currículo escolar. A veces querrás detener una actividad en progreso para comentar sobre las estrategias que se están utilizando, los patrones que se han reconocido o las predicciones que los participantes tengan a bien hacer. Tu meta es la de guiarlos hacia sus propias soluciones y estrategias, puntualizando siempre la importancia del proceso y no el simple hecho de dar con una contestación correcta.

>> *Este es uno de los mejores regalos que puedes obsequiar a padres y niños; que entiendan claramente que el llegar a la contestación no es tan importante como el* **cómo llegar** *a ella. Este mensaje se debe repetir con mucha frecuencia durante el curso de* **Matemática para la Familia.** <<

Al clausurar una actividad repite su relación con el currículo y las destrezas matemáticas envueltas. Puedes pedir a las familias que piensen sobre las destrezas y estrategias que han utilizado para resolver un problema. También podrías clausurar una actividad pidiendo al grupo en pleno que trabajen juntos a través de los pormenores del proceso de solución. Podrías optar también por pedir a cada familia que hiciera esto último individualmente.

Clausura

No importa cómo organizas o presentas una clase, es importante que siempre proporciones instrucciones escritas que sirvan de referencia a las familias en el hogar. Es conveniente incluir copias de los tableros de juego, dados especiales etc., en los materiales que las familias se llevan al hogar. Hemos tratado de hacer una selección de actividades para Matemática para la Familia en las que se utilicen materiales baratos, que se observan comunmente en el diario vivir y se pueden encontrar fácilmente en el hogar.

Materiales a distribuir

Otros Idiomas

La Matemática para la Familia es un excelente vehículo para llegar a familias que hablan otros idiomas. Las clases proveen una forma cómoda de participar en las actividades escolares y aprender la importancia que tienen las matemáticas en esta cultura. Si el maestro no puede hablar el idioma de las familias, se deberá utilizar un traductor, preferiblemente uno que tenga interés en las actividades o entienda las mismas. A veces otros padres bilingues pueden hacer de traductores. Se debe tener especial cuidado de invertir suficiente tiempo para que se completen estas traducciones conversacionales antes de continuar rápidamente con un próximo punto.

Familias que hablan otros idiomas

Además es importante traducir si posible los materiales que se reparten a las familias y cerciorarse de que todas las preguntas han sido debidamente contestadas. Consulta frecuentemente con el traductor. Es posible que hayan muchas preguntas ya que esta forma de presentar la matemática difiere drásticamente de la enseñanza tradicional de muchos paises. Tus explicaciones serán importantes para que las familias continúen asistiendo en semanas futuras.

Traducciones

Notas Especiales para una Clase con Estudiantes de Escuela Media o Intermedia.

El currículo escolar de los años intermedios abandona el mundo familiar de la Aritmética y sumerge a los niños en el estudio de la estructura de la Aritmética, la Geometría y el Algebra. Ya no es suficiente saber que 1/4 ÷1/2 = 1/4 x 2/1 sino que ahora también cobra importancia el conocer cómo la división esta realcionada con la multiplicación. Preguntas como 26 x 5 = ? se reemplazan por preguntas como "Determina todos los valores del dígito d tal que 2 es

un factor de 41d." A menudo se siente una tremenda presión para que todo se presente de una manera simbólica y abstracta, lo cual puede crear inseguridad en padres y niños. En las clases de Matemática para la Familia los padres y los niños pueden aprender sin tener que someterse a tal presión.

Reclutamiento

El reclutamiento podría resultar difícil para estas clases. A pesar de que los padres desearían poder ayudar a sus hijos, por lo regular los primeros optan por no "interferir" con la escuela. Es menester que hagas que los padres se sientan cómodos antes de convencerles de que asistiendo a las clases de Matemática para la Familia se prepararán para entender mejor el currículo escolar y la matemática que estudian sus hijos y que todo ello será de ayuda para el éxito de sus hijos. Trabaja con maestros y consejeros y trata de comunicar claramente este mensaje.

Temas especiales

Es probable que en algún momento quieras preguntar a los padres si hay algún tema del currículo de la escuela media que ellos nunca entendieron pero que desearían poderlo entender. Podrías entonces invertir parte de una o dos sesiones para explorar algunos de los misterios matemáticos complejos que se mencionan frecuentemente (como lo es el de calcular descuentos e interés compuesto) y cuya explicación piden los padres a menudo.

Carreras

Debes asegurarte que toda clase para la escuela intermedia incluya actividades sobre las carreras y las profesiones. Estas actividades habrán de fortalecer tus segerencias a los estudiantes de que continúen con el estudio de las matemáticas. Los modelos, es decir, las personas de diversas ocupaciones que visitan tu clase para hablar de sus trabajos, son absolutamente indispensables.

Lenguajes

Envía los anuncios de reclutamiento escritos en el lenguaje de los padres a quienes quieres atraer a la clase. La palabra hablada así como la distribución de algunas actividades típicas pueden ser útiles. En cualquier caso, encontrarás que que este tipo de clase te brindará una gran satisfacción personal mientras observas a padres y niños disfrutar juntos del estudio de las matemáticas.

Presentando las Carreras y Profesiones

Carreras

Una parte importante de las clases de Matemática para la Familia es la información que en ellas se brinda sobre las carreras y profesiones, la cual incluye la participación de profesionales que al visitar las clases sirven de modelos para padres y niños. Cuando desarrollamos nuestra primera clase de Matemática para la Familia quisimos incluir algo para los miembros adolescentes de la familia que no asistían regularmente a las clases. Conociendo el hecho de que los estudiantes de las escuelas intermedia y superior comienzan a pensar (y preocuparse) sobre **El Futuro,** nos propusimos propiciar reuniones entre ellos y hombres y mujeres jóvenes que trabajan en una amplia variedad de campos (desde trabajo diestro y negocios, hasta investigadores científicos, por ejemplo) para disipar así el misterio asociado de sus opciones futuras. Nos cercioramos que nuestros modelos entendían el énfasis que poníamos en la importancia de las matemáticas para las futuras opciones, de suerte que pudieran relatar historias personales sobre sus experiencias aprendiendo y practicando la matemática.

Un panel de tres o cuatro trabajadores y profesionales que sirvan de modelo para los padres y niños es con frecuencia la forma más efectiva de planificar esta parte de la clase. Los estudiantes de la escuela superior o los estudiantes universitarios con concentración en áreas relacionadas a las ciencias y las matemáticas también constituyen una excelente fuente de modelos, particularmente si han cursado estudios en las escuelas de la comunidad.

Para encontrar los modelos podrías preguntar a miembros de la clase, amigos o comunicarte con la escuela superior local, especialmente el centro de carreras y profesiones, o con organizaciones del colegio o universidad local tales como la Sociedad de Mujeres Ingenieros.

Comienza la clase en la que participarán los modelos con alguna actividad de arranque que de suficiente tiempo para que todos los participantes lleguen. Antes de comenzar el panel pide a los participantes que hablen por cinco minutos sobre el trabajo que realizan o el área que están estudiando y cómo decidieron escoger esa área. Sugiéreles que hablen sobre cómo sus padres y sus maestros influyeron en su decisión. No permitas ninguna pregunta hasta tanto todos los miembros del panel hayan terminado de hablar. Debes estar preparado con alguna actividad matemática en el raro evento de que los participantes dejen de hacer preguntas al panel antes de terminar la clase.

Evaluación

Te parecerá extraño pensar sobre una evaluación en un ambiente tan informal pero hay muchos beneficios que se derivan de saber lo que has logrado y para quién y cómo mejorar la clase.

¿Porqué debo someterme a la evaluación?
- Para mi propia información y para ayudarme a mejorar la clase.
- Para beneficio de administradores, la junta escolar y la comunidad.
- Para beneficio de futuras personas e instituciones que puedan brindarnos su apoyo. Así sabrán con más exactitud qué están apoyando.

¿Qué se puede evaluar?
- ¿Quién asiste? ¿Porqué asisten? ¿Qué esperan lograr de la clase? ¿Quién no asiste o deja de asistir a la clase? ¿Porqué deja de asistir?

- ¿Cómo va la clase? ¿La están gozando los asistentes? ¿Son mis presentaciones y mis explicaciones claras? ¿Estoy logrando establecer las conexiones que los asistentes necesitan?

- ¿Qué se llevan a sus casa los asistentes de la clase? ¿Utilizan alguna de las actividades? ¿Encuentran más actividades matemáticas en sus vidas familiares? ¿Se están envolviendo más con la educación matemática de los hijos?

- ¿Qué hace la gente entre una clase y otra? ¿Se envuelven más con las actividades escolares? ¿Aprenden los padres más matemática? ¿Se interesan los niños por la matemática?

¿Cómo puedo lograr la evaluación?
- *Comentarios informales.* Comienza la clase con una breve introducción y una pregunta como: "¿Cómo averiguaste sobre la clase?", "¿Porqué decidiste asistir?", "¿Intentaste alguna actividad la semana pasada?"

- *Diarios* Pide a los padres que utilicen un diario para conservar las notas de la clase y llevar un registro de las actividades matemáticas y las reflexiones que surgen entre una clase y otra. Pide los diarios prestados para leerlos al final de las sesiones.

- *Listados.* Prepara un listado por sus nombres de las actividades que has presentado y pide a los padres que las evalúen (no asistí o no recuerdo, me gustó, no me gustó; la practiqué en casa, proyecto practicarla, no la pienso practicar).

- *Estrategias de seguimiento* Conversa con los maestros de los niños, con los niños y celebra reuniones de seguimiento con los padres.

¿Algún otro consejo?
- Respeta la privacidad de los padres y los niños, no permitas que otros lean sus comentarios, sólo recopila la data que proyectas utilizar, siempre que preguntes ten una buena razón para hacerlo y sigue las recomendaciones de los asistentes si piensas que son buenas.

- ¡El saber escuchar cuidadosamente es una de las mejores técnicas de evaluación conocidas!

¡La Mejor de las Suertes!

Esperamos que esta sección de consejos sobre cómo montar una clase de Matemática para la Familia te haya sido útil. Hemos tratado de darte suficiente información, sin abrumarte de ideas, para que puedas proseguir. Nos gustaría mucho saber cómo te fue en tu clase. Si tienes preguntas o comentarios, favor de comunicarte con Matemática para la Familia, Lawrence Hall of Science, en el University of California, Berkeley, CA 94720, (415)642-1823.

Matemática para la Familia
Planificación: Lista de Cotejo

Cosas que hacer antes de clase:

Cuándo	Qué
1 ó 2 meses antes de la clase	☐ Decide el tiempo y el lugar.
	☐ Decide los niveles educativos.
	☐ Haz los arreglos pertinentes con los principales, oficina de distrito, custodio y/o con cualquier otra persona que sea necesaria.
Aproximadamente 6 semanas antes de la clase	☐ Comienza con el reclutamiento. (Mucho antes de 8 semanas la gente se olvida y después de 3 semanas no le permite a los padres planificar.)
1 ó 2 semanas antes de la clase	☐ Finaliza el currículo de la clase.
	☐ Comienza a conseguir los materiales necesarios.
	☐ Prepara los originales del material a repartir.
	☐ De ser necesario haz arreglos para el cuido de niños.
Aproximadamente 2 semanas antes del panel de modelos	☐ Escoge una fecha y recluta los participantes para el panel.
1 semana antes de la clase	☐ Reproduce el material a repartir la primera semana (estima la asistencia).
	☐ Coteja que el salón y las facilidades físicas que utilizarás estén disponibles.
	☐ Envía recordatorios a los padres que se anotaron para la clase.
1 ó 2 horas antes de una clase	☐ Coteja el arreglo de las facilidades físicas.
	☐ Prepara las actividades de arranque y la hoja de asistencia.
	☐ Organiza el mobiliario de la forma que deseas.
	☐ Haz arreglo para el café, té etc.
Cuando comienza la clase	☐ ¡Relájate, todo saldrá bien!

Plan Genérico de una Lección
de Matemática para la Familia

Tiempo	Actividades		Materiales a repartir

10-15 minutos — <u>Actividades de arranque</u> _____   ~_____

                                        _____   ~_____

                                        _____   ~_____

5-20 minutos — ~ Presentaciones   ~_____

        ~Anticipo de actividades   ~_____

          de la clase

        ~Discusión de la actividad

          de arranque

        ~Discusión de la tarea de la

          última semana

Actividades

15-20 minutos — ☆<u>Actividad matemática</u> _____

5 minutos —   Discusión

15-20 minutos — ☆<u>Actividad matemática</u> _____

5 minutos —   Discusión

Materiales

15-20 minutos — ☆<u>Actividad matemática</u> _____   ~_____

5 minutos —   Discusión   ~_____

                                          ~_____

10 minutos — ~Repaso de las activida-   ~_____

        des a ser realizadas en   ~_____

        el hogar y alguna otra   ~_____

        tarea especial para el   ~_____

        hogar.   ~_____

                                          ~_____

       ~Comentarios y evalua-   ~_____

        ciones   ~_____

Nota: Este itinerario se supone que sea flexible. Es posible que desees revisar las actividades de las tareas al final de la clase. En algunas clases es posible que quieras esperar para discutir todas las actividades juntas. Las lecciones ilustrativas que siguen mostrarán otras circunstancias a considerar.

Ejemplo: Plan de una Lección
Grados K-1, Lección 1

Tiempo	Actividades	Materiales a repartir
7:00-7:15	✪<u>Adivina y Agrupa</u>	~Adivina y Agrupa
7:15-7:30	Introducción ~Visión global de la lección y del curso ~Discusión de Adivina y Agrupa	~Actividad numérica para los niños más jóvenes ~Ordenando y Clasificando ~Viaje en Globo ~Currículo K-1
7:30-7:40	✪<u>Par o Impar</u>	
7:40-7:45	~Discusión sobre contar ✪<u>El Número en Punto</u>	
7:45-8:00	✪<u>Cruce de Animales</u>	
8:00-8:15	✪<u>Ordenando y Clasificando</u>	
8:15-8:30	✪<u>Viaje en Globo</u>	
8:30-8:45	~Repasar actividades de la tarea ~Discusión de cómo trabajar en casa ~Repartir copia del currículo K-1 ~Entregar cuestionario inicial ~Comentarios y evaluaciones	

Materiales

~Varios tipos de objetos
~Cintas de Par/Impar
~Papeles para actividad del Número en Punto
~Tableros y marcadores para Cruce de Animales
~Objetos para ordenar
~Palillos de dientes

Ejemplo: Plan de una Lección

Grados 2-3, Lección 2

Tiempo	Actividades	Materiales a repartir
7:00-7:30	~Actividades de medición (como estaciones) de longitud, área, volumen, capacidad y peso	~Actividades de medición ~Hojas de calendario en blanco ~Pagando el precio
7:30-7:40	~Visión global de la medición, desde la introducción hasta la medición propiamente	
7:40-8:00	☆Preparando un Calendario	
8:00-8:15	☆Pagando el Precio	
8:15-8:30	~Repaso de las actividades de la tarea ~Discusión de la tarea de la semana anterior ~Comentarios y evaluación	

Materiales

~Materiales de medición para las actividades
~Crayolas y marcadores
~Lápices
~Monedas verdaderas o de juego para cada par de parejas
  50 centavos
  10 monedas de 5 centavos
  5 monedas de 10 centavos
  2 monedas de 25 centavos
(Pedir a los padres que las traigan.)
~Papel de práctica

Ejemplo: Plan de una Lección

Grados 4-6, Lección Final

Tiempo	Actividades	Materiales a repartir
7:00-7:15	☆<u>Nim de Dos Dimensiones</u>	~Nim de Dos Dimensiones
7:15-7:35	☆<u>Equipos de Fracciones</u>	~Equipos de Fracciones
7:35-7:55	☆<u>Juegos Para Equipos de Fracciones</u>	~Juegos para Equipos de Fracciones
7:55-8:05	☆<u>Coordenadas I</u>	~Coordenadas I
8:05-8:20	☆<u>Kraken</u>	~Kraken
8:20-8:30	~Repartir listas de recursos ~Discutir cómo y dónde encontrar más actividades y clases como Matemática para la Familia ~Evaluación final	~Lista de recursos ~Hojas de evaluación

Materiales

~Papel cuadriculado
~Crayolas
~Papel de construcción para equipos de fracciones
~Dados con fracciones
~Papel de Kraken
~Marcadores

Ejemplo: Plan de una Lección   Escuela Media

Tiempo	Actividades, Nombre y Descripción Breve	Materiales a repartir	Otros materiales
Antes de clase	**Arreglo de Diez Tarjetas** utilizada como actividad de arranque		Tarjetas con números del 1 al 10 (recorta las tarjetas de índices para preparar varios grupos)
	Refrigerios		Café o té, jugo, cacahuates, etc.
10-15 minutos	**Visión global de la clase**-Presentar el itinerario de clases en el pizarrón o con el proyector vertical. Explica la relación de Arreglo de Diez Tarjetas con el currículo matemático de la escuela media (pensamiento lógico, desarrollo de estrategias, especialmente trabajar en retroceso y visualización espacial).		
20 minutos	<u>Senderos de la Calculadora</u>-Pensamiento lógico asistido por la calculadora (p. 235). Ayuda con la estimación y el desarrollo de estrategias.	Hoja de instrucciones para senderos de la calculadora	Marcadores y tableros de juego
25 minutos	<u>Destrezas Matémáticas Utiles</u>-Utilización de la matemática en las carreras (p. 271). Discutir los resultados al final y anunciar el panel sobre las carreras de la próxima semana.	Instrucciones y contestaciones de Destrezas Matemáticas Utiles.	Hojas de contestaciones de Destrezas Matemáticas Utiles
10 minutos	**Estimación del día**-Escoge algo para que todos estimen, como el largo de un pedazo de tiza al medio centímetro más cercano. Anotar los resultados. Pedir a la clase que calcule la media, la mediana y la moda (ver p. 141 si es la primera vez que la clase halla tales medidas. Medir el objeto e informar el resultado.	Ninguno	objeto o cantidad a utilizar para la estimación.
15 minutos	<u>Recaudador de Impuestos</u>-Factores, números primos, estimación y estrategia en un juego para dos personas (p.67).	Instrucciones para el recaudador de impuestos.	cuadrados de papel con números de 1 al 24 (recortar tarjetas de índice o calendarios, tableros de juego, etc.)
5 minutos	**Resumir la sesión** **Asignar tarea para la semana entrante** Rompecabezas Recorta una Tarjeta. Esta semana se discutieron principalmente números y lógica. La próxima semana se discutirán Geometría y carreras.	Instrucciones de Cortando una Tarjeta	Ejemplo de cortando una tarjeta.
	Comentarios y evaluación		Papel

La Matemática Generalmente Cubierta en los Varios Niveles Escolares

y

Una Lista de Recursos para Padres y Maestros

Matemática Generalmente Cubierta

En las siguientes páginas presentamos un listado de la matemática que generalmente se cubre en los niveles escolares desde el Kindergarten hasta el octavo grado.

Tu distrito escolar tiene su propia lista de destrezas para cada nivel, la cual podría ser un tanto diferente a la nuestra. No hay ninguna regla inflexible sobre la edad a la que los estudiantes deben aprender la mayoría de los temas, de manera que listas como la que presentamos a continuación se deben considerar como guías generales y no como principios absolutos.

Hemos tratado de puntualizar el desarrollo de los temas que pensamos son de mayor importancia y por tal razón hemos colocado las aplicaciones de la matemática en el contexto del diario vivir como el primer punto en cada una de las listas. La estimación se menciona repetidamente a través de todo el listado ya que la misma proporciona a los estudiantes la facultad de aplicar la matemática.

También creemos que a los niños se les debe permitir utilizar las calculadoras en la misma forma en que lo hacen los adultos para remover así la fatiga asociada a los cálculos largos y tediosos. Esto requiere que se les enseñe a los niños a utilizar calculadora con la misma seriedad que en el pasado se les han enseñado las destrezas aritméticas. Esto también sugiere, por ejemplo, que una vez el niño ha entendido el algoritmo de la división larga, no se deriva beneficio alguno de resolver largas páginas de problemas de división. El tiempo se invierte mejor utilizando nuevas estrategias útiles en la resolución de problemas verbales, aprendiendo cómo trazar un nuevo tipo de gráfica, encontrando patrones en tablas matemáticas o estudiando cualquiera de un millar de otras actividades fascinantes.

Es muy importante que se les permita a los niños proceder a su propio ritmo y que no se les obligue a seguir esta o culaquiera otra lista. Si la lista indica, por ejemplo, que los estudiantes deben saber contar de dos en dos, hasta diez en diez, pero el niño está teniendo dificultad contando de uno en uno, no intentes presionando para que haga más. ¡Utiliza las listas con precaución!

Matemática Generalmente Cubierta en el Kindergarten

Aplicaciones

- Hablar de la matemática utilizada en la vida cotidiana

Números

- Aprender a estimar cuántos
- Contar objetos, hasta 15 ó 20
- Colocar objetos para que correspondan con un número dado
- Comparando dos conjuntos de objetos
- Reconocer los números naturales hasta el 20
- Escribir los dígitos del 0 al 9
- Aprender sobre los números ordinales tales como, primero, segundo, tercero, etc.

Medición

- Estimar y comparar

  más alto, más bajo

  más largo, más corto

  más grande, más pequeño

  más pesado, más liviano

Geometría

- Reconocer y clarificar colores y figuras sencillas

Patrones

- Reconocer patrones sencillos, continuar los mismos y diseñar nuevos patrones

Probabilidad y Estadística

- Construir y hablar de gráficas sobre asuntos del diario vivir como cumpleaños, mascotas, comida, etc.

Matemática Generalmente Cubierta en el Primer Grado

Aplicaciones

- Hablar sobre la matemática usada en el diario vivir
- Aprender estrategias tales como utilizar materiales manipulables o dibujar diagramas para resolver problemas

Aritmética y Números

- Practicar destrezas de estimación
- Contar hasta 100 (más o menos)
- Reconocer, escribir y poder ordenar los números del 1 al 100
- Contar de dos en dos, cinco en cinco y diez en diez
- Utilizar los números ordinales tales como primero, segundo, décimo etc.
- Aprender los datos básicos de la suma y la resta hasta $9 + 9 = 18$ y $18 - 9 = 9$
- Desarrollar un entendimiento de valor relativo o posicional utilizando materiales manipulables, incluyendo bloques de la base diez, barras Cusinaire, ábacos, dinero para jugar, etc.
- Desarrollar el concepto de valores fraccionales como medios, tercios y cuartos

Medición

- Leer la hora a la hora o media hora más cercana (no presiones para lograr un dominio completo)
- Reconocer y utilizar calendarios, días de la semana y meses
- Estimar longitudes y medir objetos con unidades no estándar como, por ejemplo, determinar el número de palmos a lo largo de la mesa
- Entender los valores relativos de las monedas de 1, 5 y 10 centavos

Geometría y Patrones

- Trabajar con figuras tales como triángulos, círculos, cuadrados y rectángulos
- Reconocer, repetir y crear patrones numéricos y geométricos

Probabilidad y Estadística

- Construir e interpretar gráficas sencillas, utilizando bloques o personas, sobre situaciones comunes tales como preferencias de colores, números de hermanos o hermanas, etc.

Matemática Generalmente Cubierta en el Segundo Grado

Aplicaciones

- Hablar sobre la matemática utilizada en la vida cotidiana
- Crear y resolver problemas verbales en Medición, Geometría, Probabilidad y Estadística y Aritmética
- Practicar estrategias para la resolución de problemas tales como el dibujar diagramas, adivinar organizadamente, expresar problemas en palabras, etc.

Números

- Practicar destrezas de estimación
- Leer y escribir números hasta el 1,000 y jugar un poco con los números hasta el 10,000
- Contar de dos en dos, cinco en cinco y diez en diez. Quizá ampliar a otros números como un entretenimiento
- Aprender sobre números pares e impares
- Utilizar números ordinales como primero, segundo, décimo
- Identificar fracciones como medios, tercios y cuartos
- Entender y utilizar los signos de *mayor que* (>) y *menor que* (<)

Aritmética

- Conocer datos de la suma y la resta hasta $9 + 9 = 18$ y $18 - 9 = 9$
- Estimar contestaciones a otros problemas de suma y resta
- Practicar suma y resta con o sin reagrupación (llevando unidades) tales como:

$$\begin{array}{r} 27 \\ +2 \\ \hline 29 \end{array} \qquad \begin{array}{r} 27 \\ +8 \\ \hline 35 \end{array} \qquad \begin{array}{r} 27 \\ -2 \\ \hline 25 \end{array} \qquad \begin{array}{r} 27 \\ -8 \\ \hline 19 \end{array}$$

- Sumar números en columnas, como:

$$\begin{array}{r} 2 \\ 8 \\ 9 \\ +7 \\ \hline 26 \end{array}$$

- Explorar los usos de la calculadora
- Introducir la multiplicación y la división

Geometría

- Hallar figuras congruentes (con el mismo tamaño y la misma forma)
- Reconocer e identificar por su nombre cuadrados, rectángulos, círculos y quizá otros polígonos

- Reconocer informalmente ejes de simetría
- Leer y dibujar mapas bien sencillos

Medición

- Practicar la estimación de medidas, por ejemplo, ¿Cuántos palillos de dientes de largo es la mesa?
- Comparar longitudes, áreas y pesos
- Medir con unidades no estándar y comenzar a medir con unidades estándar tales como pulgadas o centímetros
- Leer la hora hasta el cuarto de hora más cercano y quizá hasta el minuto más cercano
- Producir cambio de monedas y billetes y resolver problemas de dinero con materiales manipulables
- Conocer los días de la semana y los meses y utilizar el calendario para determinar fechas

Probabilidad y Estadística

- Construir e interpretar gráficas sencillas utilizando objetos físicos o material manipulable
- Realizar actividades probabilísticas sencillas

Patrones

- Trabajar con patrones de números, figuras, colores, sonidos, etc., incluyendo el añadir a patrones existentes, completar secciones omitidas y diseñar nuevos patrones

Matemática Generalmente Cubierta en el Tercer Grado

Aplicaciones

- Hablar sobre la matemática observada en la vida de los estudiantes
- Crear, analizar y resolver problemas verbales en todas las áreas conceptuales
- Practicar una variedad de estrategias para la resolución de problemas que envuelven más de un paso

Números

- Practicar destrezas de estimación con todos los problemas
- Leer y escribir números hasta 10,000, explorando aquellos mayores a 10,000
- Contar en pasos de dos, tres, cuatro, cinco, diez y otros números
- Nombrar y comparar fracciones (como1/2 es mayor que 1/4)
- Identificar partes fraccionales de un entero (como 1/2 de 12 es 6)
- Explorar los conceptos de los números decimales, como las décimas y las centésimas, mediante la utilización de dinero para la representación de los valores
- Utilizar los signos de *mayor que* (>) y *menor que* (<)

Aritmética

- Utilizar calculadoras para resolver problemas
- Continuar la práctica de las propiedades básicas de la suma y la resta y resolver problemas sencillos de suma y resta
- Resolver problemas más complejos de suma y resta:

$$\begin{array}{r} 3897 \\ +8342 \\ \hline \end{array} \qquad \begin{array}{r} 8342 \\ -3897 \\ \hline \end{array}$$

- Comenzar a aprender las propiedades básicas de la multiplicación y la división hasta $9 \times 9 = 81$ y $81 \div 9 = 9$
- Comenzar aprender la multiplicación y división de números de dos y tres dígitos por números de un dígito:

$$\begin{array}{r} 27 \\ \times 3 \\ \hline \end{array} \qquad \begin{array}{r} 124 \\ \times 8 \\ \hline \end{array} \qquad \begin{array}{r} 4 \\ 6\overline{)24} \end{array}$$

- Aprender sobre residuos:

$$\begin{array}{r} 4 \quad R1 \\ 7\overline{)29} \\ \underline{28} \\ 1 \end{array}$$

Geometría

- Reconocer e identificar por sus nombres figuras tales como cuadrados, rectángulos, trapezoides, triángulos, círculos y objetos tri-dimensionales como cubos, cilindros, etc.
- Identificar figuras congruentes (del mismo tamaño y la misma forma)
- Reconocer ejes de simetría, reflexiones (imágenes de espejo) y traslaciones (movimientos rígidos a diferentes posiciones) de figuras
- Leer y dibujar mapas sencillos, utilizando coordenadas
- Aprender sobre rectas paralelas (| |) y perpendiculares (⊥)

Medición

- Estimar antes de medir
- Medir utilizando medidas, no estándar y algunas medidas estándar:
  - Longitud (palillos de dientes, pajitas, cintas de papel, longitudes de cuerdas etc.)
    (centímetros, decímetros, metros, pulgadas, pies y yardas)
  - Perímetro (Ver longitud)
  - Area (unidades cuadradas)
    (cuadrados de papel, tejas, etc.)
    (centímetros cuadrados, metros cuadrados, pulgadas cuadradas, pies cuadrados, yardas cuadradas)
  - Peso (presillas, piedras, bloques, frijoles, etc.)
    (gramos, kilogramos, onzas y libras)
  - Volumen y capacidad
    (bloques, arroz, frijoles, agua; en latas, vasos de papel, etc.)
    (litros, centímetros cúbicos, tazas, galones, pintas, cuartillos)
  - Temperatura (°Celsio, °Fahrenheit)
- Leer la hora al minuto más cercano
- Continuar utilizando dinero para entender mejor los decimales
- Utilizar calendarios

Probabilidad y Estadística

- Introducir conceptos estadísticos como el de la probabilidad de que algo ocurra
- Utilizar marcas de cotejo. Coleccionar y organizar datos informales
- Construir, leer e interpretar gráficas simples

Patrones

- Continuar trabajando con patrones, incluyendo aquellos que se observan en las tablas de suma y multiplicación

Matemática Generalmente Cubierta en el Cuarto Grado

Aplicaciones

- Hablar sobre los usos de la matemática en las vidas de los estudiantes y en sus futuros
- Crear, analizar y resolver problemas verbales en todas las áreas conceptuales
- Utilizar varias estrategias para la resolución de problemas aplicadas a la resolución de problemas de múltiples pasos
- Trabajar en grupos resolviendo problemas complejos
- Utilizar la calculadora para la resolución de problemas
- Desarrollar vocabulario matemático formal e informal

Números y Operaciones

- Practicar las destrezas de redondeo y estimación con todos los problemas
- Utilizar la calculadora con alguna proficiencia para todas las operaciones
- Leer y escribir números hasta 10,000 y mayores a 10,000
- Aprender sobre ciertos números especiales como los primos, factores, múltiplos y cuadrados
- Reconocer fracciones equivalentes como 1/2 y 2/4
- Hallar partes fraccionales de números enteros (como por ejemplo, 1/8 de 72 es 9)
- Mantener y extender el trabajo con las operaciones de suma, resta, multiplicación y división de números enteros
- Sumar y restar decimales simples
- Aprender sobre por cientos sencillos como 10%, 50% y 100%

Geometría

- Utilizar figuras geométricas para hallar patrones de esquinas, diagonales, bordes, etc.
- Reconocer ángulos rectos y explorar la terminología de otros tipos de ángulos
- Continuar explorando ideas relacionadas a la simetría
- Leer y dibujar mapas sencillos, utilizando coordenadas
- Explorar la terminología y los usos de un sistema de coordenadas
- Identificar rectas paralelas (| |) y perpendiculares (⊥)
- Explorar como figuras diferentes pueden llenar un espacio plano (trastejar el plano)

Medición

- Estimar antes de medir
- Utilizar medidas no-estándar y medidas estándar para medir longitud, área, volumen, peso y temperatura
- Decir el tiempo con algún propósito
- Hacer dibujos sencillos a escala
- Explorar la terminología y los usos de una rejilla geométrica

Probabilidad y Estadística

- Utilizar técnicas de muestreo para recopilar información o realizar una encuesta
- Discutir el significado y los usos de la Estadística, como por ejemplo, cómo hacer una encuesta justa, cómo mostrar un máximo de información y cómo hallar promedios
- Construir, leer e interpretar gráficas
- Realizar ejercicios sencillos de probabilidad y discutir los resultados obtenidos

Matemática Generalmente Cubierta en Quinto y Sexto Grado

Aplicaciones

- Hablar de la matemática utilizada en la vida cotidiana y la vida futura
- Crear, analizar y resolver problemas verbales en todas las áreas conceptuales
- Utilizar varias estrategias para la resolución de problemas en problemas de múltiples pasos
- Trabajar en grupos para resolver problemas complejos
- Utilizar calculadoras para la resolución de problemas
- Desarrollar un vocabulario matemático

Números y Aritmética

- Practicar las destrezas de redondeo y estimación con todos los problemas
- Utilizar calculadoras efectivamente para los problemas apropiados
- Ampliar el entendimiento de algunos números especiales como los números primos, compuestos, cuadrados y cúbicos, los divisores comunes y los múltiplos comunes
- Aumentar el entendimiento de las relaciones fraccionales:

    comparaciones, como 2/3 >1/2

    equivalencia, como 2/3 = 4/6

    reducción, como 10/20 = 1/2

    relacionar números mixtos a fracciones impropias, como 2 1/3 = 7/3
- Desarrollar destrezas en la suma, resta, multiplicación y división de fracciones (no se espera dominio completo)
- Mantener las destrezas básicas de la suma, resta, multiplicación y división de números enteros
- Sumar, restar, multiplicar y dividir decimales
- Calcular por cientos y relacionar los por cientos con las fracciones y los decimales
- Entender las razones y las proporciones
- Explorar la notación científica, como por ejemplo, $3 \times 10^8 = 300,000,000$

Geometría

- Utilizar los conceptos de rectas paralelas (| |) y perpendiculares ($\perp$)
- Medir y dibujar ángulos de varios tipos

- Entender las nociones circulares de diámetro, circunferencia y radio
- Reconocer figuras congruentes (que tienen el mismo tamaño y la misma forma)
- Reconocer figuras similares (que tienen la misma forma aunque quizás no el mismo tamaño)
- Desarrollar el entendimiento de las simetrías, las reflexiones y las traslaciones de las figuras geométricas
- Efectuar construcciones tales como la de segmentos congruentes, o la de bisectrices perpendiculares
- Entender cómo gráficar utilizando coordenadas
- Dibujar y leer mapas
- Hacer dibujos con perspectiva

Medición

- Continuar utilizando objetos manipulables para la medición, siempre estimando primero, de las siguientes cantidades:

  Longitud

  Area

  Volumen y Capacidad

  Masa y Peso

  Temperatura - Celsio y Fahrenheit

  Tiempo

Probabilidad y Estadística

- Realizar e informar una variedad de experimentos probabilísticos
- Coleccionar y organizar datos
- Mostrar datos en forma gráfica como gráficas de barras, de ilustraciones, circulares, de segmentos rectilíneos, etc.
- Comenzar a entender ideas estadísticas tales como media, mediana y moda

Matemática Generalmente Cubierta en Séptimo y Octavo Grado

Aplicaciones

- Hablar de los usos de la matemática y la importancia que ésta reviste para la vida presente y futura del estudiante (Este punto es de especial importancia para las mujeres y los miembros de grupos minoritarios.)
- Crear, analizar y resolver problemas verbales en todas las áreas conceptuales
- Utilizar una variedad de estrategias para la resolución de problemas al resolver problemas de múltiples pasos
- Trabajar en grupos para resolver problemas complejos
- Utilizar calculadoras en la resolución de problemas
- Desarrollar un vocabulario matemático

Números y Aritmética

- Practicar destrezas de redondeo y estimación con todos los problemas
- Utilizar calculadoras con proficiencia para la resolución de problemas apropiados
- Ampliar el entendimiento y la utilización de números especiales tales como los números primos, compuestos, cuadrados y cúbicos y los divisores y factores comunes
- Ampliar el entendimieto de las siguientes relaciones fraccionales:

    comparaciones, como 2/3 > 1/2

    equivalencia, como 2/3 = 4/6

    reducción, como 10/20 = 1/2

    relacionar los números mixtos y las fracciones impropias, como 2 1/3 = 7/3
- Sumar, restar, multiplicar y dividir fracciones
- Sumar, restar, multiplicar y dividir decimales
- Mantener las destrezas básicas de la suma, resta, multiplicación y división de números enteros
- Calcular por cientos y relacionar los por cientos a las fracciones y los decimales
- Entender las razones y las proporciones
- Utilizar la notación científica, como por ejemplo, $3 \times 10^8 = 300{,}000{,}000$
- Aprender sobre números positivos y negativos
- Hallar el máximo común factor y el mínimo común múltiplo
- Hallar raíces cuadradas

- Aprender relaciones numéricas especiales, como por ejemplo, que 2/5 es el recíproco de 5/2

Geometría

- Utilizar los conceptos de rectas paralelas (| |) y perpendiculares (⊥)
- Medir y dibujar ángulos de varios tipos
- Entender las nociones circulares de diámetro, circunferencia y radio
- Utilizar fórmulas correctamente para calcular áreas de rectángulos, triángulos, círculos, etc.
- Reconocer figuras congruentes (que tienen la misma forma aunque quizás no el mismo tamaño)
- Reconocer figuras similares (que tienen la misma forma aunque quizás no el mismo tamaño)
- Desarrollar un entendimiento de las simetrías, las reflexiones y las traslaciones de las figuras geométricas
- Efectuar construcciones tales como las de segmentos congruentes o la de bisectrices perpendiculares
- Entender cómo gráficar utilizando coordenadas
- Dibujar o leer mapas
- Hacer dibujos a escala y con perspectiva

Medición

- Continuar con las experiencias de índole manipulativas con instrumentos de medición, estimando primero antes de medir las siguientes cantidades:

    Longitud

    Area

    Volumen y Capacidad

    Masa y Peso

    Temperatura - Celsio y Fahrenheit

    Tiempo

Probabilidad y Estadística

- Realizar e informar una variedad de experimentos probabilísticos
- Coleccionar y organizar datos
- Mostrar datos en forma gráfica, como por ejemplo, mediante gráficas de barras, de ilustraciones, circulares, de segmentos rectilíneos, etc.
- Desarrollar un mejor entendimiento de ideas estadísticas tales como media, mediana y moda

Lista de Recursos para Padres y Maestros

Código

P (primario: K-3) ;
E (elemental: 4-6)
M (nivel medio/ escuela intermedia)
* Estudiantes de la postrimerías del nivel elemental y el nivel medio gustarían de la lectura de estos libros.

EM   Afflack, Ruth. *Beyond Equals.* Oakland, CA: The Math/Science Resource Center, 1982.

PEM   Alper, Lynne, and Holmberg, Meg. *Parents, Kids, and Computers.* Berkeley, CA: Sybex, Inc. 1984.

P   Baratta-Lorton, Mary. *Workjobs...For Parents.* Menlo Park, CA: Addison-Wesley Publishing Co., 1972.

PE   Baratta-Lorton, Mary. *Mathematics Their Way.* Menlo Park, CA: Addison-Wesley Publishing Co., 1976.

EM   Bezuszka, Stanley; Kenney, Margaret; and Silvey, Linda. *Designs for Mathematical Patterns.* Palo Alto, CA: Creative Publications, 1978.

EM*   Burns, Marilyn. *Math For Smarty Pants.* Boston, MA: Little, Brown, and Company, 1982.

EM*   Burns, Marilyn. *The Book of Think.* Boston, MA: Little, Brown, and Company, 1976.

EM   Burns, Marilyn. *The Good Time Math Event Book.* Palo Alto, CA: Creative Publications, Inc., 1977.

EM*   Burns, Marilyn. *The I Hate Mathematics Book.* Boston, MA: Little, Brown, and Company, 1975.

EM*   Burns, Marilyn; Weston, Martha; and Allison, Linda. *Good Times: Every Kid's Book of Things to Do.* New York: Bantam Books, 1979.

EM   Cook, Marcy. *Mathematics Problems of the Day.* Palo Alto, CA: Creative Publications, Inc., 1982.

PEM   Downie, Diane; Slesnick, Twila; and Stenmark, Jean K. *Math for Girls and other Problem Solvers.* Berkeley, CA: Lawrence Hall of Science, University of California, 1981.

M   Fisher, Lyle. *Super Problems.* Palo Alto, CA: Dale Seymour Publications, 1982.

EM   Fraser, Sherry, Project Director. *SPACES: Solving Problems of Access to Careers in Engineering and Science.* Berkeley, CA: Lawrence Hall of Science, University of California, 1982.

PEM   Harnadek, Anita. *Mindbenders Levels A,B,C.* Pacific Grove, CA: Midwest Publications, 1978.

EM   Kaseberg, Alice; Kreinberg, Nancy; and Downie, Diane. *Use EQUALS to Promote the Participation of Women in Mathematics.* Berkeley, CA: Lawrence Hall of Science, University of California, 1980.

P   Meiring, Stephen P. *Parents and the Teaching of Mathematics.* Columbus, Ohio: Ohio Department of Education, 1980.

EM   Meyer, Carol, and Sallee, Tom. *Make it Simpler: A Practical Guide to Problem Solving in Mathematics.* Menlo Park, CA: Addison-Wesley Publishing Company, 1983.

EM   Miller, Con. *Calculator Explorations and Problems.* New Rochelle, New York: Cuisenaire Company of America, Inc., 1979.

EM   Pedersen, Jean J., and Armbruster, Franz O. *A New Twist: Developing Arithmetic Skills Through Problem Solving.* Menlo Park, CA: Addison-Wesley Publishing Company, 1979.

EM   Rand, Ken. *Point-Counterpoint: Graphing Ordered Pairs.* Palo Alto, CA: Creative Publications, Inc., 1979.

M   Saunders, Hal. *When Are We Ever Gonna Have to Use This?* Palo Alto, CA: Dale Seymour Publications, 1981.

P   Schreiner, Bryson. *Arithmetic Games and Aids for Early Childhood.* Hayward, CA: Activity Resources Company, Inc., 1974.

EM   Seymour, Dale. *Developing Skills in Estimation Book A.* Palo Alto, CA: Dale Seymour Publications, 1981.

M   Seymour, Dale. *Developing Skills in Estimation Book B.* Palo Alto, CA: Dale Seymour Publications, 1981.

M   Seymour, Dale. *Favorite Problems*. Palo Alto, CA: Dale Seymour Publications, 1984.

EM   Seymour, Dale. *Problem Parade*. Palo Alto, CA: Dale Seymour Publications, 1984.

EM   Seymour, Dale. *Visual Thinking Cards*. Palo Alto, CA: Dale Seymour Publications, 1983.

P   Sharp, Evelyn. *Thinking is Child's Play*. New York: Avon Books, 1969.

EM   Shulte, A.P., and Choate, S. *What Are My Chances? Book A*. Palo Alto, CA: Creative Publications, Inc., 1977.

M   Shulte, A.P., and Choate, S. *What Are My Chances? Book B*. Palo Alto, CA: Creative Publications, Inc., 1977.

PEM   Skolnick, Joan; Langbort, Carol; and Day, Lucille. *How to Encourage Girls in Math and Science—Strategies for Parents and Educators*. Englewood Cliffs, New Jersey: Prentice-Hall, Inc., 1982.

P   Sprung, Barbara; Campbell, Patricia B.; and Froschl, Merle. *What Will Happen if . . . Young Children and the Scientific Method*. New York, NY: Education Equity Concepts, Inc., 1985.

EM   Stonerod, Dave. *Friendly Games to Make and Learn*. Hayward, CA: Activity Resources Company, Inc., 1975.

EM   Thiagarijan, Sivasailam, and Stolvitch, Harold. *Games with the Pocket Calculator*. Menlo Park, CA: Dymax, 1976.

PE   Wirtz, Robert. *Making Friends with Numbers, Kits I and II*. Monterey, CA: Curriculum Development Associates, 1977.

P   Zaslavsky, Claudia. *Preparing Young Children for Math: A Book of Games*. New York: Schocken Books, 1979.

Direcciones de Casas Publicadoras

ACTIVITY RESOURCES CO., INC.
P.O. Box 4875
Hayward, CA 94540

ADDISON-WESLEY PUBLISHING CO.
2725 Sand Hill Road
Menlo Park, CA 94025

AVON BOOKS
1790 Broadway
NewYork, N.Y. 10019

BANTAM BOOKS
666 Fifth Ave.
New York, N.Y. 10019

CREATIVE PUBLICATIONS
P.O. Box 10328
Palo Alto, CA 94303

CUISENAIRE COMPANY OF AMERICA
12 Church St., Box D
New Rochelle, N.Y. 10805

CURRICULUM DEVELOPMENT
  ASSOCIATES
787 Foam St.
Monterey, CA 93940

DALE SEYMOUR PUBLICATIONS
P.O. Box 10888
Palo Alto, CA 94303

EDUCATION EQUITY CONCEPTS, INC.
440 Park Ave. S.
New York, NY 10016

LAWRENCE HALL OF SCIENCE
University of California Berkeley
Berkeley, CA 94720

DYMAX
Box 310
Menlo Park, CA 94025

LITTLE, BROWN, AND COMPANY
34 Beacon St.
Boston, MA 02106

MATH/SCIENCE RESOURCE CENTER
Mills College
Oakland, CA 94613

MIDWEST PUBLICATIONS
P.O. Box 448
Pacific Grove, CA 93950

NATIONAL COUNCIL OF TEACHERS
  OF MATHEMATICS
1906 Association Drive
Reston, Virginia 22091

OHIO DEPARTMENT OF EDUCATION
65 South Front St.
Columbus, Ohio 43215

PRENTICE-HALL, INC.
Route 9W
Englewood Cliffs, N.J. 07632

SCHOCKEN BOOKS, INC.
200 Madison Ave.
New York, N.Y. 10016

SYBEX INC.
2344 Sixth St.
Berkeley, CA 94710

ÍNDICE